새를 초대하는 방법

일러두기

1. 맞춤법과 띄어쓰기는 국립국어원 한글 맞춤법에 따랐습니다.
2. 외국 인명이나 지명 등은 국립국어원의 외래어 표기법을 따르되, 필요에 따라서는 원어에 가깝게 표기하는 것을 원칙으로 삼았습니다. 단, 굳어진 용례는 관행을 따라 표기했습니다.
3. 외서와 영화 등은 국내에 번역된 명칭을 따랐습니다.
4. 기호의 쓰임새는 다음과 같습니다.
   『 』단행본, 「 」단편·논문, 《 》잡지·신문, 〈 〉영화·전시·음악·프로그램명 등.

새를 초대하는 방법

남상문 지음

기후위기 시대,

인간과 자연을 잇는

도시건축 이야기

현암사

여는 글

이 책은 지난 4년간 기후위기와 건축의 공공성을 주제로 여러 매체에 연재한 건축 칼럼을 모아 엮은 것이다. 1, 2장은 생태전환매거진 《바람과 물》, 3장은 《건축과 사회》, 《더 라이브러리》 등에 실린 글이다. 《바람과 물》은 기후위기 대응, 생명가치 복원을 목표로 기후활동가, 연구자, 작가 등 다양한 관점의 필진이 모여 만든 계간지다. 시민 참여를 위한 대중적 소재와 학술적 내용이 균형을 이룬 이 잡지는 2021년 6월 창간호를 시작으로 2024년 9월까지 3년간 열두 권이 발행됐다. 호마다 주제에 따라 20여 명의 필진이 참여했고 필진은 때마다 바뀌었지만 나는 창간부터 완간까지 긴 여정을 모두 함께했다. 열두 권의 잡지에 모두 기고한 외부 필자는 나뿐이다.

하지만 처음부터 환경 운동에 큰 뜻을 품고 3년을 약

정해 연재를 시작한 건 아니었다. 학교를 졸업하고 첫 직장에서 몇 년간 친환경 건축설계 업무를 담당했던 경험 덕분에 환경 이론과 관련 기술 동향을 파악하고 있었지만 대부분 건축 부문에 한정된 이해였고, 문제의 본질보다는 실무 차원에서 사례 분석과 방법론에 집중했었다. 그런데 《바람과 물》을 계기로 기후위기에 대한 자료를 수집하다 보니 기후위기를 정치, 경제, 사회, 문화뿐만 아니라 인문학적, 인류학적 관점에서 다각도로 살펴보게 됐다. 그 과정에서 기후위기가 자연을 보호하자는 도덕적 당위나 기술로 해결할 수 있는 단순한 문제가 아니라 기후정의, 탈성장, 사회적 자본, 신자유주의, 양극화, 공공선, 영성, 젠더, 전통문화 등 다양한 이슈들이 중첩된 복합적 사건임을 알게 됐고 이러한 인식의 전환은 내 건축적 사고를 확장하는 데 큰 도움이 됐다. 《바람과 물》은 호별로 각각의 주제가 있어 큰 맥락에서 시의성 있는 주요 내용들을 하나씩 검토할 수 있었다. 연재를 시작하고 1년이 지나 지면은 원고지 20매에서 30매로 늘어났다. 늘어난 지면은 그동안 돌보지 못한 생명에 대한 미안함과 미래세대를 위한 책임감으로 채웠다.

잡지는 매체 속성상 호흡이 짧을 수밖에 없다. 하지만 나는 지면이 허락하는 한 기능, 효율, 경제성을 중시해온 근대의 합리주의적 세계관과 자본주의의 모순이 낳은 약탈적 시장경제, 제한 없이 가속하는 소비문화와 물신숭배가 기후위기의 원인이라는 문제의식을 독자들에게 일관되게 전달하고 싶었다. 개발을 전제로 일사불란하게 대규모 자본과 물자가 투여되는 도시건축은 지구 환경과 인간 생활에 미치는 영향이 광범위하다. 하지만 신규택지 공급, 신도시, 신공항, 고속도로 건설 등과 같은 정부주도사업은 한정된 엘리트 기술 관료들이 독점하고 있고, 직접 건물을 짓거나 건축 행위에 관여할 수 있는 부유한 민간 투자자는 극소수이기 때문에 일반 시민들은 개발 정보에 접근이 어려워 관심과 참여 역시 저조할 수밖에 없다. 그동안의 기후대응이 양적 경제성장을 전제한 지속 가능한 개발, 탄소배출권거래제, 그린뉴딜 등 시장을 중심으로 이루어져온 것도 같은 이유다.

하지만 사회는 정부, 시장, 시민사회라는 세 개의 축이 견제를 통해 균형을 이룰 때 개인과 집단 모두에게 유익하다. 건축의 최종 소비자가 시민이라면 시민들의 의식 전환이 제도 개선으로 이어지고 그에 따라 시장 여건 역시 변할 수 있는 것이다. 이를 위해 나는 당장 실무적으로 적용 가능한 기술적 방법론을 나열하기보다 도시건축 저변에 깔린 역사적, 사회문화적 배경과 담론을 살펴보며 기후위기를 초래한 원인이 무엇인지, 기후위기가 인류에게 어떤 의미인지, 또 우리가 앞으로 지향해야 할 가치는 어디에 있는지 비판적으로 성찰하고자 했다.

'새를 초대하는 방법'이라는 제목은 생명애의 도시를 주제로 쓴 《바람과 물》 10호 칼럼 마지막 문장에서 가져왔다. 도시로 새를 초대하는 방법은 의외로 단순하다. 마당이나 테라스에 작은 수반을 놓고 물을 채운 후 기다리면 된다. 그게 전부다. 깨끗한 물이 있으면 생명은 어디나 찾아온다. 하지만 건축에 종사하는 사람들은 도심에 작은 수공간 하나 만드는 게 얼마나 힘든 일인지 알고 있다. 경제성을 이유로, 유지관리의 어려움을 핑계로 많은 사람이 수공간 설치를 꺼린다. 도심에 설치된 대부분의 수공간은 새를 초대하기 위해서가 아니라 고급 호텔이나 부티크 시설 같은 '빗장공동체gated community'에서 재력을 과시하고 계층을 구분하고 공간을 소비하기 위해 만들어졌기 때문에 생태적이기보다는 인공적이다. 이는 생명을 초대하는 물이 아니라 가르는 물이다. 최근에는 아름다운 조경 디자인이 부동산 가치를 끌어올리는 특화 설계로 홍보되기도 하지만 그 이면을 조금만 들여다보면 인간과 인간, 인간과 자연 사이의 왜곡된 관계가 보인다. 자본의 논리는 사회적 약자를 배제하고, 인간중심적 사고는 자연을 객체화한다.

기원전 1500~500년경 인도-아리아인의 고대 종교인

베다교Vedicism는 사제들이 주관하는 종교 제의에 참여하지 못하는 평신도를 위해 다섯 가지 예배 형식을 고안했는데, 그중 하나가 배고픈 동물들을 위해 음식이 든 작은 그릇을 매일 밖에 내놓는 것이었다. 누구나 쉽게 실천할 수 있는 생활 속 작은 예식이지만 자연을 신성시한 고대인들의 세계관을 엿볼 수 있는 장면이다. 하지만 오늘날 우리는 자연을 경이로운 신성이 아닌 객관적으로 측정 가능한 자원으로만 본다. 자원은 인간 생활에 유용하고 기술적, 경제적으로 개발이 가능한 자연물을 말한다. 다시 말해 실용적 목적을 위해 이용할 수 있는 모든 것이다. 자연을 자원으로 도구화하는 기계적 세계관은 인류를 절대빈곤으로부터 해방시켰지만 동시에 인간을 기계로 강등시켰다. 고귀한 생명의 기원, 모두를 기쁘게 하는 문화적 영감, 시간을 초월한 영속성, 비밀스러운 잠재의식 등 인간을 인간답게 하는 의미와 가치의 세계를 폐기처분했기 때문이다. 기계화된 인간은 서로를 위로하는 방법을 잊었고 만물에 내재한 활기를 숫자로 환원해 자본으로 축적했다. 이렇게 도구화된 자연이 기계화된 인간의 생존을 위협하는 것이 오늘날 우리가 직면한 기후위기다. 인간과 자연의 존엄성이 무시되는 사회는 지속 가능하지 않다.

건강하고 성숙한 사회는 다양한 배경의 구성원들이 서

로를 포용하고 환대하는 다원적 구조를 가지고 있다. 관용이 강자가 약자에게 보이는 소극적 아량이라면 환대는 양자가 동등한 입장에서 상호 교류하며 영향을 주고받아 적극적으로 변화를 만들어낸다. 이는 혼란을 회피하기 위해 임시로 체결한 정치적 타협이나 합의와 다르다. 어느 정도의 자기부정과 상호존중을 통해 이를 수 있는 진정한 조화를 추구하기 때문이다. 타자에 대한 낯섦과 두려움을 극복하고 그를 하나의 소중한 생명으로 인정할 때, 즉 그의 존재를 있는 그대로 수용하고 그를 위한 자리를 기꺼이 내어줄 때 환대가 시작된다. 우리는 이를 통해서만 분열과 증오를 넘어 진정한 화해에 이를 수 있고 인간의 존엄성을 지킬 수 있다.

맹자는 인간의 존엄성을 알게 되면 다른 존재들의 존엄도 인식하게 되고 그들을 사랑할 수 있게 된다고 가르쳤다. 인간이 아닌 다른 존재, 비인간 존재는 자연이며 만물이다. 인간을 존중할 줄 아는 사람은 만물을 존중하게 된다는 동양의 자연관은 우리가 만물과 세계를 공유하며 그들과 조화해야 한다는 깨달음에 근거한다. 인간과 비인간 존재 모두가 하나의 지구 공동체라는 연대의식으로 서로를 환대할 때 인류는 일방적 착취와 폭력의 시대를 끝내고 새로운 미래를 준비할 수 있을 것이다.

이 책에 수록된 글들은 학술적 목적으로 쓴 것이 아니라서 개인적 인상과 주관을 포함하고 있고 기후위기와 공공성에 대한 개념, 방법론에 있어서도 이견이 있을 수 있다. 나는 기후위기뿐만 아니라 모든 삶의 문제에 어떤 명료한 해법이 있다고 생각하지 않는다. 다만 하루가 다르게 사라져가는 빙하와 뜨거운 바닷물 속에서 타죽어 가는 산호초가 우리 삶과 무관하지 않다는 사실, 우리가 무의식적으로 반복하는 일상 속 작은 행위들이 지구 반대편에서는 소중한 생명을 위협할 수도 있다는 문제의식을 함께 나눌 수 있다면 더 이상 바랄 것이 없다.

마지막으로 성실한 학자, 열정적 작가, 세심한 편집자로서 긴 기간 동안 《바람과 물》을 이끌어오신 한윤정 발행인과 편집위원들, 《건축과 사회》를 함께 만들어온 편집위원 동료들, 어려운 여건 속에서도 이 책의 출판을 도와준 현암사에 깊은 감사의 인사를 전한다. 이분들의 격려와 응원, 노고 덕분에 졸고가 빛을 볼 수 있었다. 언제나 첫 번째 리뷰어가 되어주는 나의 아내 작곡가 조한나와 사랑스러운 방해자 이소에게도 변함없는 감사와 사랑을 전한다.

2025년 7월을 앞두고
남상문

차례

여는 글 • 5

1장 **공생의 장소 만들기**

신성한 도시, 바이오필릭 시티 • 17

처마 밑에 모인 사람들 • 33

가늠할 수 없는 욕망의 크기 • 49

기후위기로 도전받는 투명성의 신화 • 65

죽을 자들이 땅 위에 존재하는 방식 • 83

오래된 정원, 숲 • 99

2장 **새로운 삶의 방식**

기술인가 태도인가 • 117

검약의 두 가지 얼굴 • 129

집과 돌봄에 대하여 • 143

말하는 건축가 • 157

덜 미학적인 더 윤리적인 • 173

에어컨 없는 삶 • 191

3장	건축과 사회	전환 시대의 도시건축 • 213
		기후 정의와 건축의 미래 • 219
		성장과 번영을 위한 사회적 자본 • 225
		시간이 더하는 가치 • 231
		철거에 반대합니다! • 243
		여기 못을 박아도 되나요? • 257
		비푸리 도서관이 남긴 것 • 271

원문 출처 • 288

도판 출처 • 289

참고 문헌 • 294

1장
공생의 장소 만들기

신성한 도시, 바이오필릭 시티•

비참한 도시의 비참한 사람들

1862년 출간된 빅토르 위고의 대표작 『레 미제라블』은 군주제 폐지를 요구하는 공화주의자들이 일으킨 1832년 6월 파리 봉기를 배경으로 한다. 이 봉기는 7월 왕정체제에 불만을 가진 혁명 결사체가 주축이었다. 하지만 당시 파리는 산업화와 도시화로 인한 주택난, 식량난, 물가상승, 계급갈등, 전염병 등으로 시민들의 삶이 크게 위협받고 있었고 봉기에는 노동자와 사회 하층민이 대거 참여했다. 주인공 장발장이 굶주린 조카들을 위해 빵 한 조각을 훔치고 탈옥을

- Biophilic City, 자연과 인간이 조화를 이루며 공존하는, 지속 가능한 도시. 바이오필릭 시티는 단순히 도시를 녹화하는 것이 아니라, 도시 설계와 정책 전반에 자연 요소를 통합하는 방식을 추구한다.

시도한 죄로 19년을 복역하고, 부조리한 차별로 공장에서 쫓겨난 미혼모 팡틴이 일자리를 구하지 못해 매춘 소굴에 들어가게 되는 과정은 19세기 프랑스 도시민의 비참한 상황을 생생하게 증언한다. 성난 민중의 한숨이 유령처럼 뒷골목을 배회하던 상실의 도시 파리.

당시 파리는 런던에 비해 산업화와 도시정비 사업이 뒤처져 좁고 구불구불하고 막다른 골목길이 미로처럼 얽히고설킨 중세 시대 가로망을 그대로 유지하고 있었다. 이러한 도시 구조는 급증하는 인구와 산업화를 수용할 수 없었고 심각한 교통, 위생, 치안 등의 문제를 유발했다. 문제는 낙후한 가로망뿐만이 아니었다. 상하수도 시설이 갖춰져 있지 않았던 도시에 사람이 몰리자 깨끗한 식수는 고갈되고 거리는 오물로 가득 차 전염병이 창궐했다. 도심 주택지를 무질서하게 침범한 공장들이 하루 종일 매연을 뿜어댔고 일자리를 찾아 도시로 몰려든 일용직 노동자들은 집을 구하지 못해 거리에서 밤을 지새웠다. 제대로 보호받지 못한 아이들은 가혹한 노동 착취와 범죄에 시달리거나 콜레라, 폐렴, 영양실조 등으로 죽어 나갔다. 대부분 개인의 힘으로는 극복하기 힘든 사회구조적 모순이었다. 반면 산업화로 막대한 자본을 축적한 신흥 부르주아 계급은 도심에 게토 같은 요새를 쌓거나 도심 근처 교외 타운하우스로 이

주해 안락한 삶을 누렸다.

위고가 『레 미제라블』을 집필하던 시기, 파리는 대규모 도시 개조 사업이 한창 진행 중이었다. '오스만 계획(1853~70)'으로도 불리는 이 사업은 나폴레옹 3세와 파리시장 오스만 남작이 기차역, 광장, 공공청사 등 도심의 주요 거점들을 연결하는 직선대로와 상하수도망을 건설하고, 도심 곳곳에 크고 작은 녹지와 문화시설을 확충해 파리를 근대화한 기념비적 사건이었다. 이 사업 덕분에 파리의 도시 문제는 획기적으로 개선됐다. 하지만 동시에 관 주도의 하향식 도시계획은 수많은 철거민을 양산했고 자생적으로 형성된 시민들의 커뮤니티를 파괴하는 부작용도 있었다. 오스만 계획에서 도로의 폭을 넓히고 직선화한 것은 교통망을 정비해 도시가 유기적으로 기능하도록 의도한 것이지만, 한편으로는 좁은 골목길에 바리케이드를 치고 정부군과 대치했던 시민군의 시위 전술을 무력화해 폭동을 조기 진압하려는 정치적 목적도 있었다. 이는 오스만 계획이 도시를 통치하는 위정자의 입장에서 일방적으로 결정된 반쪽짜리 근대화임을 말해준다.

전원 속 유토피아 vs. 도시의 신성

19세기 대도시로 몰려든 소시민들의 비참한 현실은 일부 진보적 지식인들로 하여금 전원 속 유토피아를 꿈꾸게 했다. 도시를 떠나 때 묻지 않은 자연으로 돌아가 자급자족하는 평화로운 소규모 공동체를 건설하려 했던 것이다. 로버트 오언•의 '뉴하모니 계획', 샤를 푸리에••의 '팔랑스테르 계획'이 대표적 사례다. 이러한 공상적 사회주의 도시 운동은 소수의 가족기업이나 개인 투자에 의존했고 사회 공감대 형성도 부족해 대부분 성공하지 못했다. 하지만 전원생활을 이상적으로 보는 경향은 계몽주의 시대에 널리 퍼진 장 자크 루소Jean-Jacques Rousseau의 "고결한 야만인" 개념, 헨리 데이비드 소로Henry David Thoreau의 자연주의 사상 등에 힘입어 현대 도시계획에 큰 영향을 미쳤다.

1876년 프레데릭 옴스테드•••의 '뉴욕 센트럴 파크 계

- Robert Owen, 1771~1858. 자신의 사상을 일컬어 최초로 '사회주의(socialism)'라는 용어를 사용한 영국의 사상가.
- •• Charles Fourier, 1772~1837. 19세기 초 프랑스의 공상적 사회주의자로, 급진적 사회주의와 유물론을 바탕으로 이론을 전개했으며, 1837년 최초로 페미니즘이라는 단어를 사용한 철학자로 유명하다.
- ••• Frederick Law Olmsted, 1822~1903. 도시 공원을 공공복지의 장으로 확장한 미국의 조경설계자로, 현대 도시공원의 발전에 중요한 역할을 했다.

획', 1898년 에버니저 하워드****가 저술한 『미래의 전원도시 Garden City of Tomorrow』, 1932년 프랭크 로이드 라이트*****의 '브로드에이커 시티 계획' 등은 모두 문명 이전의 자연 상태를 찬미하고 동경하는 낭만적 세계관을 공유하고 있다. 하지만 『미래의 전원도시』 초판 제목이 "미래, 사회 개혁을 위한 평화로운 길"이었던 것을 보면 이들이 꿈꾸던 전원 속 유토피아가 개인의 망상이나 허구가 아니라 온건한 사회 개혁을 목적으로 했음을 알 수 있다. 이러한 노력들은 실제 도시계획에도 반영되어 20세기 초 런던을 환형環形의 그린벨트로 에워싸 무질서한 도심 확장을 막고, 그린벨트 바깥쪽에 열세 개의 뉴타운을 개발하는 '대 런던 계획Greater London Plan'으로 발전했다. 우리나라 수도권과 신도시 개발도 영국과 미국의 사례를 참고해 유사한 방식으로 진행했다. 하지만 자족성이 떨어지는 전원 속 위성도시 대부분은 구도심에 사회경제적으로 종속되어 베드타운으로 전락했고 구도심으로의 교통난과 오염을 유발했다.

**** Ebenezer Howard, 1850~1928. 전원도시 이론을 주창하며 현대 도시계획에 큰 영향을 미친 영국의 도시계획학자.

***** Frank Lloyd Wright, 1867~1959. 자연과 조화를 이루는 유기적 건축을 추구한 근대건축의 거장으로, 대초원의 수평성을 강조한 '프레리 주택 양식'과 카우프만 주택(낙수장) 설계로 유명하다.

브로드에이커 시티 모형을 보고 있는 프랭크 로이드 라이트와 제자들

근대건축은 전원을 이상화했지만 인류 역사를 돌아보면 이는 비교적 최근의 일이다. 고대 문명에서 자연을 신격화하거나 토템처럼 인간과 자연을 깊이 연결시켜 사고하는 경우가 있었지만 자연에 대한 경외와 찬탄이 곧 도시의 부정을 뜻하진 않았다. 도시화는 고대 로마와 중세 유럽에서도 진행됐다. 하지만 도시와 전원이 양자택일의 이분법적 세계로 분열한 것은 제조업과 상업에 기반한 인구 백만 명 이상의 대도시가 형성된 산업화 이후다. 현대적 의미의 전원도시는 아니지만 전원 속 유토피아의 역사적 사례를 살펴보면 도시와 물리적으로 분리된 광야에 금욕적 종교공동체를 만들어 집단생활을 영위했던 초기 그리스도교 수도원이 있다. 다양한 형태의 광야, 특히 사막은 많은 기록에서 공통으로 나타난다.—건축가 라이트는 애리조나 사막 한구석에 건축설계 스튜디오 '탈리에신 웨스트'를 만들어 제자들과 공동체 생활을 했다.—'사막 도시'로 불리는 소규모 수도원 마을은 하나님의 도성을 찾아 인간의 도성을 떠나는 영적 수련을 의미하는 동시에 새로운 대안 공동체를 통한 사회 개혁의 비전을 제시했다. 수도 생활이 일방적 고립이나 관상적 고독을 목적으로 한 것은 아닌 셈이다. 수도회에 따라 차이는 있지만 중세 수도원은 도시에 위치한 경우가 많았고 시민들에게 개방되어 행사장이나 장터로 이용되기도 했다.

    수도원이 세속과 단절된 배타적 성소라는 선입견은 5세기 초 히포●의 성 아우구스티누스가 『신국론De Civitate Dei』에서 '지상의 도성'과 '천상의 도성'을 구분한 이래 일상 세계와 영적 세계의 분열이 서구 문명의 한 축을 구성했기 때문이다. 하지만 아우구스티누스는 세속 도시가 무가치하다거나 불경하다고 배척하지 않았다. 그는 지상의 도성과 천상의 도성이 서로 뒤섞여 있으며 기독교인의 소명은 천상의 도성을 심판의 날에 앞서 이 땅에서 구현하기 위해 분투하는 것이라고 가르쳤다. 이것은 개인의 구원을 목적으로 하는 것이 아니라 사랑, 화해, 용서, 공동선 등을 통해 평화롭고 정의로운 공동체를 만드는 것이다. 서구 기독교 신학의 기원이 된 그의 사상은 도시polis를 창조하는 것이 인간의 본질적 소명이라는 아리스토텔레스의 사회 윤리를 계승하는 한편, 시민의 우정을 뜻하는 '아미키티아amicitia' 즉 애착과 유대를 강조한다. 그에 따르면 하나님의 형상으로 태어난 모든 사람은 똑같이 존엄하며 그로 인해 조건 없이 환대받아야 한다는 믿음이 도시를 신성한 장소로 만든다.

●   히포 레기우스(Hippo Regius), 현 알제리 안나바

기독교의 생명존중 사상은 이러한 인간존중을 신이 창조한 모든 것, 비인간존재까지 확장한 것이다. 도시의 신성함은 대성당이나 교구, 종교 지도자로부터 나오는 것이 아니다. 수도자의 자기초월적 영성이나 신의 계시가 신성의 유일한 모습도 아니다. 도시는 살아 있는 모든 존재에 대한 사랑과 섬김을 바탕으로 화합하는 삶을 추구할 때 신성해진다.

이러한 역사를 돌아보면 유토피아는 도시와 전원이라는 지리적, 물리적 공간에 앞서 관계의 문제라고 할 수 있다. 우리가 타인과 공유하는 삶의 터전을 어떻게 만들어야 하는지, 또 자연과 인간의 관계를 어떻게 설정해야 하는지에 대한 공생 윤리를 다루고 있는 것이다. 유토피아utopia의 그리스어 어원—'아니다, 없다'를 뜻하는 우oὐ-와 장소를 뜻하는 토포스τόπος의 합성어—이 '어느 곳도 아님no place' 혹은 '어디에도 없음nowhere'임을 상기하면 더욱 그러하다.

고대인이 도시를 만드는 법

유엔에 따르면 2023년 세계 도시화율은 57.5퍼센트고 현재 추세라면 2050년에 68.4퍼센트에 이를 것으로 예측된다. 하지만 아프리카와 아시아 일부를 제외한 유럽, 북미, 남미, 오세아니아는 이미 80퍼센트 내외의 도시화율을 기록하고 있어 도시 없이는 인간의 삶을 논하기가 힘들다. 도시가 인류의 유일한 미래는 아니지만 기후위기 시대에 우리가 도시를 어떻게 만들어야 하는지 진지하게 고민해야 하는 이유다.

현존하는 가장 오래된 건축 교과서는 로마 공화정이 마무리되는 기원전 30년경 로마 건축가 비트루비우스 Vitruvius가 쓴 『건축십서De Architectura』다. 아우구스투스 황제에게 헌정됐던 이 책은 중세 시대 내내 필사본으로만 전해지다가 1486년 처음 인쇄본으로 출판돼 이탈리아 르네상스에 지대한 영향을 미쳤다. 르네상스를 대표하는 건축가 레온 바티스타 알베르티Leon Battista Alberti가 저술한 『건축론』(1450), 안드레아 팔라디오Andrea Palladio가 저술한 『건축사서』(1570)도 대부분 이 책의 내용에 당대의 지식과 자신의 경험을 덧붙인 것이다. 이 책이 르네상스 인문주의자들에게 성서 같은 고전이 된 이유는 전설처럼 전해오던 고대 문명, 특히 고대 그리스 건축의 역사적 배경, 양식, 비례, 축조 방법 등을 자세히 기술하고 있기 때문이다. 오늘날 대부분의 건축가도 『건축십서』의 의미와 가치를 고전주의의 부활 정도로 이해하고 있다.

하지만 책의 목차와 내용을 자세히 들여다보면 이 책은 고대 그리스 건축의 규범이 아니라 자연과 더불어 살았

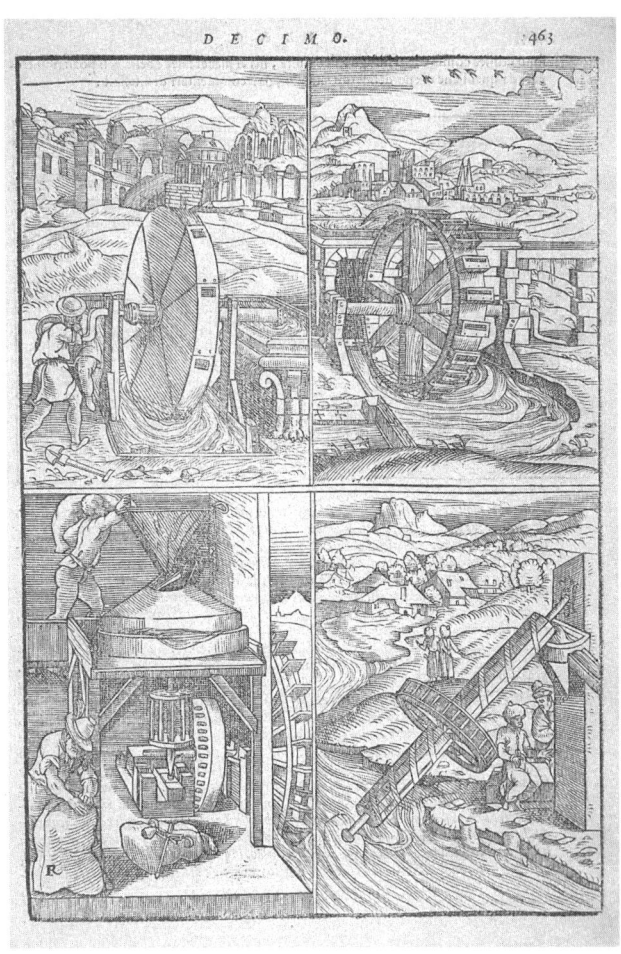

『건축십서』 이탈리아어 판, 1567

던 선조들의 지혜를 후대에 전하기 위해 비트루비우스가 고대 문서와 개인 지식을 총망라해 집필한 백과사전임을 알 수 있다. 그는 여기서 건강한 도시의 입지 조건에서부터 깨끗한 물을 발견하는 방법, 날씨를 예측하는 방법, 수차와 펌프를 만드는 방법까지 설명하고 있다. 그에 따르면 도시의 입지에서 가장 중요한 것은 기후 조건이다. 도시는 안개나 서리가 적고 덥지도 춥지도 않으며 늪에서 멀리 떨어진 곳에 자리해야 한다. 이른 아침 늪의 독기가 미풍에 실려 마을로 불어오면 주민들의 건강을 해치기 때문이다. 도시를 성곽으로 에워쌀 때는 여름철 과도한 열기와 일교차를 피하기 위해 뜨거운 바람이 불어오는 방위와 태양의 궤도를 고려해야 한다. 냇가나 도랑은 흐름이 원활해 악취가 없어야 하며 성내에 부지를 분할해 도로를 낼 때도 계절에 따른 풍향과 바람의 성격을 고려해야 한다. 또한 도시는 충분한 식량을 공급할 수 있는 배후 경작지를 가까운 거리에 확보해야 하는데 그 땅에서 키운 돼지를 잡아 내장의 상태를 검사해보면 토지와 물이 인간에게 적합한지 알 수 있다.

『건축십서』를 읽다 보면 오늘날 보편화된 친환경 건축 설계 기법이 대부분 언급되어 있고 그 근거 역시 과학적이라 놀랍다. 자연법칙과 재료의 물성에 대한 지식을 바탕으로 인간 생활의 필요를 충족시키지만 자연을 착취하거나 도구화하지 않고 자연과 인간이 평화롭게 조화하는 공생 윤리를 추구하고 있기 때문이다.

바이오필리아, 생명애와 포용의 도시

서울시 도시정책 지표조사에 따르면 서울 시민이 서울을 대표하는 상징공간으로 생각하는 곳은 한강, 남산, 고궁, 광화문, 청계천 등이다. 시대와 세대에 따라 차이는 있지만 해외의 경우도 도시의 자연환경 요소를 랜드마크로 인식하는 비율이 월등히 높다. 도시와 자연이 반대되는 개념 같지만 사람들은 여전히 도시의 정체성을 자연에서 찾고 있는 것이다. 장소의 성격을 정의하는 자연환경은 도시공원처럼 도시기반시설로서의 실리적 효용을 넘어 공동체가 집단적으로 공유해온 기억, 신비와 감탄을 내포한 도시의 영혼과 같다.

인간은 유전적으로 생명에 대한 정서적 친화성을 가지고 태어난다. 이러한 생명 애호를 바이오필리아Biophilia라고 하고 이를 도시계획에 적용한 것이 '바이오필릭 시티'다. 바이오필릭 시티는 합리주의적 관점에서 탄소 배출과 에너지 소비량을 줄이는 데 중점을 둔 기존의 친환경 도시계획과 달리 인간과 자연의 상호관계성을 기반으로 도시를 자연화, 야생화하는 것을 목표로 한다. 자연이 도시 속에 장식처럼 산재한 것이 아니라 도시가 하나의 생태계로 연결되어 숲이 되고 강이 되는 것이다. 도시에 존재하는 모든 생물종의 본질적 가치와 권리를 존중하는 바이오필릭 시티에서는 인공과 자연의 공간적 경계와 물리적 차이가 모호해지며 혼성적 세계가 만들어진다. 사람들은 그 속에서 풍부한 자연을 직간접적으로 체험할 수 있고 자연을 돌보며 영감을 얻는다. 그리고 그 경험을 평등하게 분배하고 공유하며 사회적 응집성을 키운다.

서울의 녹지율은 35퍼센트 정도지만 실제 도심에서 시민들이 쉽게 접근할 수 있는 녹지율은 4퍼센트 미만이다. 반면 도시 전체를 국립공원으로 만들려는 런던은 이미 도시의 절반 이상이 녹색 공간으로 덮여 있고 3천 개 이상의 공원과 크고 작은 자연이 생활권 사이로 촘촘히 연결되어 있다. 공원에는 야생 오리, 백조, 사슴뿐만 아니라 이름 모를 갖가지 동물들이 뛰어놀고 5층 건물 높이의 거대한 고목과 숲이 우거진 광대한 풍경이 펼쳐진다. 우리 눈에는 위험해 보이지만 아이들은 거리낌 없이 나무에 오르고 동물들을 쫓아다니며 즐겁게 소리 지른다. 자연이 여가를 넘어 정체성의 일부로 깊숙이 들어와 있기 때문이다.

자연에 투자하는 것은 인간에게 여러모로 이롭다. 조

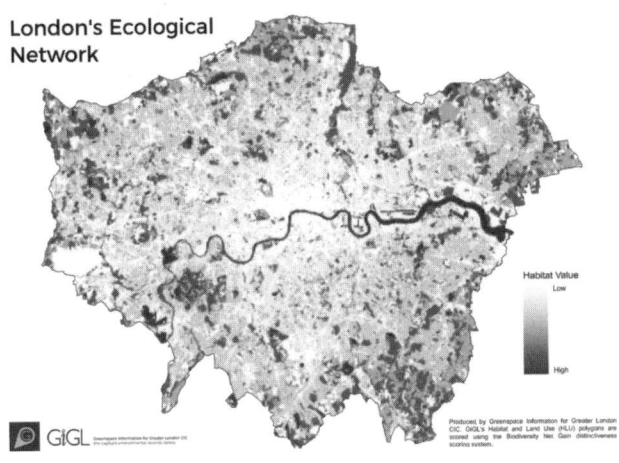

런던의 생태 네트워크 지도, GIGL 제작(위)
야생 환경이 잘 보존된 런던 하이드 파크(아래)

사에 의하면 자연을 가까이하는 사람은 집중력, 창의력, 생산성이 향상되고 면역력이 높아져 유병률이 낮아진다. 정서적 문제를 겪을 확률이 낮아지고 타인에게 관대해져 사회생활도 원만해진다. 스트레스에 저항해 원상태를 회복하려는 회복탄력성resilience이 높아지는 것이다. 회복탄력성은 심리학이나 경제학에서 많이 언급되지만 실은 생태학에서 비롯한 개념이다. 자연은 외력에 의해 계속 교란되고 변화하는 열린 시스템이지만 회복탄력성을 통해 지속성을 유지할 수 있다. 혹독한 가뭄이나 태풍, 오염 등을 이기고 자연이 활력을 회복하는 것은 회복탄력성 덕분이다.

회복탄력성은 생태계가 하나의 사슬처럼 엮여 긴밀히 기능할수록 강해지기 때문에 생물 다양성과 수용성을 확보하는 것이 무엇보다 중요하다. 열어서 포용하고 변화에 적응해가며 성장할 때 생명은 경이로운 번영을 선사한다. 진정한 번영을 꿈꾼다면 우리는 도시로 생명을 초대하고 환대하는 방법을 배워야 한다. 마당에 아주 작은 수반 하나를 놓아도 새는 날아온다.

처마 밑에 모인 사람들

노인은 바다를 늘 '라 마르'라고 불렀다.
그 지역 사람들 사이에서,
애정을 담아 바다를 부를 때 쓰는 스페인어 표현이다.
물론 바다를 사랑하는 이들도 때로는
바다를 원망하는 투로 말하곤 했지만,
그럴 때조차 바다는 언제나 여성형으로 불렸다.
한편, 낚싯줄에 찌 대신 부표를 달고
상어 간을 팔아 큰돈을 번 뒤
모터보트를 사들인 젊은 어부 중 일부는
바다를 '엘 마르'라는 남성형으로 불렀다.
그들에게 바다는 경쟁자이자 일터,
심지어 적대자와도 같았다.

― 어니스트 헤밍웨이, 『노인과 바다』

성장을 위한 착취와 공존을 위한 연대

헤밍웨이Ernest Hemingway의 소설 『노인과 바다The Old Man and the Sea』(1952)는 노쇠한 어부 산티아고가 나 홀로 조각배를 타고 망망대해로 나가 배보다 큰 청새치를 잡기 위해 거친 바다와 사투를 벌이고, 잡은 고기를 뱃전에 묶어 항구로 귀선하던 중에 상어 떼의 습격을 받아 고기를 모두 빼앗기는 내용이다. 이전에도 『모비딕Moby-Dick』(1851), 『나시서스호의 검둥이The Nigger of the Narcissus』(1897) 같은 유명한 해양 소설이 있었지만 이 소설이 특별한 이유는 시대를 앞서 생태와 연대의 가치를 주장하고 있기 때문이다.

마을의 젊은 어부들은 바다를 남성형 명사 '엘 마르'라고 부르며 모터보트와 부표를 이용해 현대적으로 착취한다. 이들에게 자연은 인간의 대척점에 있는 지배와 정복의 대상이자 허락 없이 언제나 꺼내 쓸 수 있는 무한한 자원의 보고다. 고기잡이는 생산 수단을 합리화해 이익을 극대화하고 축적된 자본을 재투자해 시장 규모를 키워나가는 일종의 산업에 불과하다. 오늘날 일반화된 상업적 어업 방식, 길이가 2킬로미터에 이르는 거대한 그물을 바다 밑바닥에서 끌고 다니며 진공청소기처럼 해양 생태계를 초토화시키는 쌍끌이 저인망 어업은 이들이 간절히 소망하던 꿈의 기술일 것이다. 하지만 산티아고는 직접 노를 저어 바다로 나가 작살 하나로 청새치를 잡는 전통 방식을 고수한다. 그에게 인간은 자연의 일부고 바다는 인간과 자연이 함께 살아가는 삶의 터전이자 자애로운 어머니 '라 마르'다. 그는 청새치와 목숨을 건 사투를 벌이면서도 청새치에게 경의와 존경을 표하고 형제로 예우하며 연민을 느낀다. 바다에 표류할 때는 하늘에 무심히 떠 있는 해와 달, 별도 인간처럼 때마다 잠이 든다고 생각한다. 상어 떼가 청새치를 물어뜯어 뼈만 남겨놓았을 때도 그는 상어를 원망하지 않고 너무 먼 바다까지 나온 자신을 탓하며 청새치에게 사과한다. 자연을 물리적 환경 조건으로 치부하거나 젊은 어부들처럼 객체화하면 가질 수 없는 태도다.

알래스카 인근에 살았던 아메리카 인디언들은 그해 처음 잡은 연어를 영예로운 손님으로 환대해 제단에 바치고 고기를 나눠 가진 후 남은 뼈를 온전히 바다로 돌려보냈다. 자연이 선사한 선물인 연어에게 적절한 예를 다하지 않으면 화를 입을 수 있다고 믿었기 때문이다. 원시 사회에서 흔히 발견되는 이러한 의례는 만물이 상호 의존하며 순환한다는 인류의 오랜 경험적 지혜를 보여준다. 근대적 의미의 주체는 '나'라는 존재가 세상과 무관하게 내적 완결성을 가진 단독자라고 정의한다. 하지만 산티아고는 아메리카 인디언처럼 '나'를 자연에 투영해 자연 속에서 수많은 '나'를 발견한다. 청새치도 상어도 해와 달도 '나'다. 이들이 없으면 나는 존재할 수 없다. 단순히 생명을 유지하며 생존할 수 없다는 뜻이 아니다. 자연에 반응하고 적응하며 스스로를 자연 속에 자리매김할 때 비로소 나는 내가 누구인지, 어디서 왔는지, 어떤 사람인지에 대한 깊은 자기이해에 도달할 수 있다는 것이다. 바람을 과학적으로 정의하면 기압차에 의해 발생하는 공기의 흐름이다. 하지만 우리가 실제로 경험하는 바람은 하나의 관념으로 환원할 수 없는 실재적 현상이자 인식에 앞서 존재하는 주관적 상황이다. 아카시아 향이 실려 오는 봄날의 미풍은 누군가에게 사랑하는 할머니의 손을 잡고 산에 올랐던 유년 시절을 떠올리게 할 수도 있고, 살을 에는 차가운 바닷바람은 알 수 없는 투지와 생기를 불러일으킬 수도 있다. 바람이 있기에 나라는 존재를 의식하게 되는 것이다.

이렇게 외부로 확장하는 '나'는 자연을 향할 수도 있고 사물이나 사람을 향할 수도 있다. 『노인과 바다』에는 산티아고를 돌봐주는 소년 마놀린이 등장한다. 소년은 한때 노인의 배를 함께 타고 고기잡이를 했지만 노인이 40일 넘게 고기를 잡지 못하자 부모님의 성화에 못 이겨 다른 배로 옮겨 타게 된다. 하지만 고기 잡는 법을 처음 가르쳐준 노인을 아버지처럼 따르던 소년은 외딴 오두막에 홀로 사는 노인에게 생필품을 가져다주거나 야구 이야기를 하는 등 말벗이 되기도 한다. 그는 노인의 유일한 친구이자 정신적 반려자처럼 보인다. 어느 날 노인이 출항한 지 한참 지나도 돌아오지 않자 마을 주민들은 해안 경비대와 비행기를 동원해 그를 찾아 나섰고 노인 역시 "늙어서는 어느 누구도 혼자 있어서는 안 돼"라며 소년과 마을 사람들의 고마움을 새삼 깨닫는다. 일련의 사건을 통해 잊고 있었던 유대감과 연대 의식이 되살아난 것이다. 가난이나 재난을 미화할 필요는 없지만 결핍이 언제나 부정적이고 치명적인 결과를 가져오는 것은 아니다. 인류는 위기에 공동 대응하며 공동체 의식과 문화를 발전시켜왔고 상호부조를 통해 부의 균형과 삶의 조화를 추구해왔다. 이는 사람을 향한 '나'의 확장, 상호의존성의 발현이다. 우리는 흔히 변치 않는 자신만의 고유한 성격을 '정체성'이라 말한다. 하지만 정체성은 상호의존성의 다른 이름일 뿐이다. 어둠이 있어야 빛을 정의할 수 있고 키 작은 사람도 더 작은 사람이 나타나면 키 큰 사람이 된다. 결국 변하지 않는 것은 정체성이 아니라 나라는 존재, 자아自我다. 자아는 정체성을 담는 커다란 그릇이다. 고립은 자아와 정체성을 동일시할 때 찾아온다.●

주거 기계의 고독한 항해

근대건축의 거장 르 코르뷔지에Le Corbusier는 저서 『건축을 향하여Vers une Architecture』(1923)에서 "집은 살기 위한 기계"라고 말했다. 여기서 기계는 근대 기술 문명을 상징하는 대형 여객선, 비행기, 자동차 세 가지다. 그중에서도 평생 그의 의식을 지배한 무적의 기계는 대형 여객선이었다. 그는 젊은 시절 독일에서 발원해 흑해까지 이어지는 도나우강 대형 여객선을 타고 세르비아, 루마니아, 튀르키예 등을 거쳐 그리스까지 동방 여행을 다녀왔다. 이때의 경험이 그의 건축관에 큰 영향을 줬다. 계층별로 구분된 객실뿐만 아니라 대형 연회장과 운동시설까지 갖춘 여객선은 그에게 끝없이 펼쳐진 바다 위에 자족적으로 존재하는 작은 도시와 같았다. 갑판 위에서 볼 수 있는 수평적 경관은 아크로폴리스에서 내려다본 에게해처럼 영원한 이상과 유토피아를

- 발달심리학자 에릭 에릭슨은 청소년기에 겪는 정체성의 위기와 자기 정체성의 확립을 타자에 대한 두려움과 불안에 대한 방어기제로 설명했고, 사회학자 리처드 세넷은 이를 도시 공동체의 문제로 확장해 '순수한 정체성'과 '순수한 공동체'라는 신화의 허구성을 지적했다. 종교철학자 마르틴 부버는 정체성이 아닌 '자아의 힘'이라는 개념으로 개인의 독자성을 강조했다. 정체성은 영구적이거나 결정적이지 않고 사회적 상황에서 기억과 경험이 축적되며 유연하게 변화하고 성장하는 역사성을 갖는다는 관점이다. 역사학자 베네딕트 앤더슨은 민족 개념도 구체성을 가진 실존이라기보다 근대 인쇄 자본주의에 의해 만들어진 상상의 산물이라고 설명했다.

약속했다.

그의 대표작 '유니테 다비타시옹'**은 땅 위에 정박한 대형 여객선이다. 1952년, 프랑스 마르세유에 지어진 이 건물은 18층, 337세대 규모의 주상복합아파트로 식당, 서점, 갤러리, 유치원, 약국 등 필수 근린 시설을 모두 갖추고 있었다. 전후 유럽은 주택난이 심각해 저렴한 서민형 주거를 일시에 대량 공급해야 했다. 이때 나온 실험적 대안이 도심 외곽에 주상복합아파트를 고밀도로 짓는 것이었다. 도로, 상하수도, 전기, 통신, 폐기물처리 등 도시기반시설을 넓은 대지에 낮게 펼쳐 전통적 도시를 조성하는 것보다 좁은 땅에 모든 자원과 시설을 수직적으로 집적한 거대한 기계를 구축하는 것이 경제적이며 통제 가능한 해결책이었기 때문이다. 코르뷔지에가 고안한 대형 여객선에 승선한 주민들은 건물 밖으로 나가지 않아도 일상생활이 가능했고 건물 밖의 광활한 녹지는 때 묻지 않은 자연으로 바다처럼 고고하게 남겨졌다.

이러한 건축 개념은 건물 조형에도 표현되어 있다. 건

** Unité d'habitation, 직역하면 '주거단위'라는 의미다. '도시 안의 도시'로서 하나의 자족적 마을 공동체를 뜻하지만, 건물에 적용된 폭 4.5미터 크기의 단위 모듈로 볼 수도 있다. 실제로 실현되진 못했지만 코르뷔지에는 와인병을 보틀랙 수납장에 끼워넣듯이 각 단위 모듈을 격자형 구조 골격에 삽입하는 조립식 시공법을 구상했다.

준공 당시 유니테 다비타시옹, 주변을 압도하는 거대함

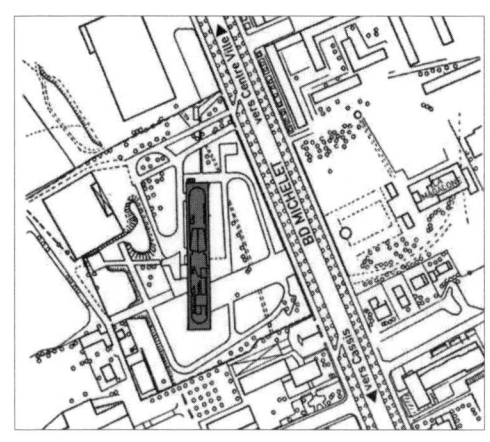

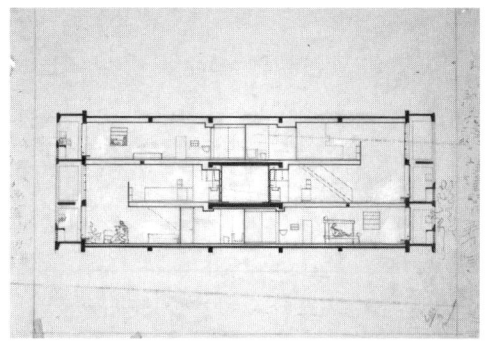

도시 축과 무관한 유니테 다비타시옹의 배치(위)
유니테 다비타시옹 중복도 양쪽에 배치한 복층형 주거 유닛(아래)

물은 1층 전체가 필로티 구조로 만들어져 배가 물 위에 떠 있듯 건물이 땅 위에 떠 있는 것처럼 느껴진다. 평면은 여객선과 마찬가지로 중복도*를 중심으로 양쪽에 복층 구조의 개별 세대가 배치됐다. 건물 전체를 감싸고 있는 수평 차양과 띠창은 선체를 따라 이어지는 선실 창문과 유사하다. 근린시설이 집중 배치된 8, 9층에는 지상과 바로 연결된 별도의 옥외계단이 설치되어 갑판 사이를 오가는 계단을 연상케 한다. 다중이 이용하는 유치원, 놀이터, 풀장, 체육관, 카페, 단거리 트랙, 야외무대 등이 설치된 옥상은 여객선의 갑판 역할을 한다. 옥상에는 건물 전체를 관통하는 환기탑이 여객선의 굴뚝처럼 조형적으로 솟아 있고 동방의 이국적 분위기를 풍기는 구조물들이 여기저기 만들어졌다. 옥상 전면에는 시야를 방해하는 지형지물이 없어 갑판에서 바다를 바라보듯 지중해가 시원하게 내려다 보인다.

건물의 배치 역시 이 건물이 어디나 자유롭게 항해하고 정박할 수 있는 여객선처럼 독립적으로 존재하는 오브제임을 말해준다. 중복도 건물은 한쪽이 남향이면 불가피

- 중복도형 평면 구성은 러시아 구축주의 건축가 M. 긴즈부르크가 설계한 나르콤핀 공동주거의 영향을 크게 받았다. 이 건물은 사회주의 이념과 체제를 홍보하는 건축적 장치로서 공동세탁소, 공동주방, 탁아소 등의 집산적 시설을 갖추고 있었다.

하게 반대쪽은 북향이 된다. 그래서 코르뷔지에는 대부분의 세대를 동향과 서향으로 배치하기 위해 건물을 도시 축과 무관하게 남북 장축 방향으로 배치했다. 건물은 일반적으로 지형에 따라 자연스럽게 형성된 가로망과 도시 블록, 공원과 광장, 녹지, 주변 건물 등 기존 도시 조직에 순응하기 위해 도시 축을 고려해 배치를 결정한다. 하지만 이 건물은 기존 도시 맥락을 수용하지 않고 망망대해에 홀로 떠 있는 배처럼 자연 채광을 위해 스스로 방위를 결정했다. 나침판에만 의지해 방향타를 돌린 것이다. 주변 가로망과 공지의 흐름을 고려해 건물을 배치하고 도시 스케일과 경관에 맞게 거대한 건물을 여러 개의 덩어리로 분절했다면 건물은 마치 오래전부터 거기 있었던 것처럼 주변과 호응하며 자연스럽게 도시의 일부로 녹아들었을 것이다.

하지만 거친 바다를 뚫고 전진하는 대형 여객선처럼 강하고 안전하고 쾌적하고 자족적인 기계를 만들어야 한다고 믿었던 코르뷔지에는 상호의존과 조화 대신 고립과 투쟁을 선택했다. 그는 마르세유에 지은 이 건물을 시범 사례로 삼아 레제, 베를린, 브리, 피르미니에도 유사한 형태의 유니테 다비타시옹을 추가로 지었다. 인간을 위한 진보, 성장, 개척을 핵심 가치로 여겼던 그의 세계관은 『노인과 바다』에서 산티아고를 조롱하던 젊은 어부들과 닮았다. 그에게 자연은 인간을 위해 봉사하는 천연자원 그 이상도 이하도 아니었다.

마음을 이어주는 날씨와 풍토

신카이 마코토新海誠 감독의 애니메이션 〈날씨의 아이天気の子〉에는 비를 멈추고 맑은 날씨를 불러올 수 있는 초능력 소녀 히나가 등장한다. 우연한 기회에 영험한 능력을 갖게 된 소녀는 처음에는 생계를 위해 친구와 함께 맑은 날씨 세일즈를 시작한다. 온라인으로 맑은 날씨가 필요한 사람들을 모집한 후 그들을 만나 잠시나마 비구름을 몰아내줬다. 의뢰인의 사연은 모두 제각각이었다. 어떤 사람은 기관지가 아픈 어린 딸과 공원에서 즐거운 한때를 보내기 위해, 또 어떤 사람은 죽은 이의 넋이 돌아온다는 명절에 사별한 남편을 반갑게 맞이하기 위해, 그 외에도 벼룩시장, 결혼식, 운동회, 불꽃놀이 등을 위해 맑은 날씨를 기원했다. 날씨는 사람들의 감정을 움직이고 삶의 의미와 기쁨을 되찾아줬다. 그런데 여기서 주목할 점이 있다. 의뢰인 중에는 그저 맑은 날씨가 좋아 나 홀로 맑음을 만끽하기 위해 일을 의뢰한 사람이 없다는 것이다. 이들은 모두 가족, 친구, 연인, 이웃 등과 일상을 공유하고 감정을 나누기 위해 맑음을 필요로 했

다. 날씨가 단순히 낭만적 정취와 감상에 그치는 것이 아니라 사람과 사람을 이어주는 연대의 매듭이 된 것이다. 맑음 소녀 히나가 사라지고 도쿄에는 3년 내내 큰비가 내려 도시가 모두 물에 잠긴다. 하지만 사람들은 절망하지 않는다. 살던 집이 물에 잠겨 아파트로 이사한 할머니는 아주 오래전 바다였던 도쿄가 원래 모습을 되찾아가는 것이 아닐까 하며 재난을 땅과 선조들의 역사와 연결하기도 한다. 이들에게 자연은 실증 가능한 과학적 현상이나 해결해야 할 문제가 아니다. 하늘과 인간을 이어주는 무녀의 존재가 말해주듯 인간은 언제나 자연의 일부였다.

근대 철학자 와츠지 테츠로•는 『풍토風土』(1935)에서 자연과 풍토를 구분하고 자연에 앞서 풍토가 있다고 말했다. 풍토는 인간이 어떤 한정된 지역에서 자연과 긴밀히 관계하며 집단으로 공동생활을 영위하는 과정에서 자연스럽게 형성되는 문화적 현상이다. 풍토에는 날씨에 영향을 받는 인간의 내면과 삶의 실존적 의미가 투영되어 있다. 반면 그가 보기에 자연은 인간이 실제 경험하는 풍토를 추상화

• 和辻哲郎, 1889~1960. 문화사와 윤리학 연구로 유명한 철학자로 후설과 하이데거의 영향을 받아 인간, 공동체, 사회의 본질적 관계를 탐구했다. 그의 저서는 1960년대 이후 서구에 널리 소개됐다. 자세한 내용은 백진, 『건축과 기후윤리』(김한영 옮김, 이유출판, 2023) 참고.

한 관념에 불과하다. 인간과 무관한 초월적 존재로서의 원시 자연이란 있을 수 없다. 물론 어떤 지역의 고유한 풍토가 개인의 사고와 감정, 관습, 생활방식 등에 절대적 영향을 미치는 것은 아니다. 환경의 중요성을 지나치게 강조하면 편협한 환경결정론에 빠지기 쉽고, 지역의 중요성을 지나치게 강조하면 폭력적인 국수주의가 된다. 다만 우리가 테츠로의 풍토론에서 읽어내야 하는 것은 생태적 관점에서 자연과 인간이 호응하며 여러 사람이 공유하게 되는 공동체 의식과 지역을 뛰어넘어 어디서나 목격되는 삶의 전형성이다.

일본처럼 연중 일정하게 많은 비가 오고 여름이 습한 아열대성 습윤 기후 지역에서는 지붕 처마를 건물 바깥쪽으로 길게 내미는 경우가 많다. 처마 밑에서 비를 피할 수 있을 뿐만 아니라 빗물로 인한 창호 주위의 누수를 막고, 여름에는 뜨겁고 지나치게 밝은 직사광선을 차단하고, 습기 먹은 무거운 공기를 집 밖으로 배출해 자연 환기를 시킬 수 있기 때문이다. 긴 처마는 지금도 일본 주택가에서 흔히 볼 수 있는 풍경이다. 그럼 잠시 갑자기 쏟아진 폭우에 우산이 없어 골목길 처마 밑에 삼삼오오 모이게 된 마을 사람들을 상상해보자. 이들은 비에 젖은 옷을 털어내며 날씨 이야기로 서먹한 분위기를 몰아내고 덕담을 주고받을 것이다. 이

지역에선 오래전부터 늘 있어왔던 흔한 상황이기에 사람들은 자신이 어떻게 행동해야 할지 본능적으로 알고 있다. 집이 가까운 사람은 집까지 뛰어갔다 와서 어린아이에게 우산을 빌려줄 수도 있다. 어려움에 처한 사람을 돕고자 하는 마음은 삶의 전형성을 보여주는 인류의 보편적 감정이다. 처마 밑에 말없이 서 있더라도 이들은 경험을 통해 서로의 곤란한 처지를 조금이나마 이해하고 있다. 이때 처마는 날씨를 계기로 마음이 오가는 교감과 연대의 장소가 된다. 이것이 기후에 공동으로 대응하며 오랜 세월에 걸쳐 쌓아온 풍토의 문화적 단면이다.

하지만 현대 대도시에서 풍토는 대부분 사라졌다. 인공적으로 실내 환경을 조절하는 기계식 공조 시스템이 발달하면서 건물은 지역에 상관없이 획일화됐고 폐쇄적으로 변했다. 전 세계적 유통망을 갖춘 다국적 기업들이 땅끝 오지 마을까지 침투하면서 사람들의 옷차림과 먹거리, 취향마저 비슷해졌다. 기계식 공조 때문에 에너지가 과도하게 사용되고 문화가 획일화되는 것도 문제지만 어떤 지역의 고유한 풍토가 사라지면서 생기는 더 큰 문제는 집단이 공동의 토대를 잃고 원자화된다는 것이다. 우리나라 사람이라면 누구나 여름 장마철에 물먹은 수박이 맛없다는 사실을 알고 있다. 파는 사람도 사는 사람도 상식으로 알고 있어

파는 사람은 가격을 깎아주기도 하고 사는 사람은 평소보다 맛이 없어도 판 사람에게 크게 불평하지 않는다. 풍토가 다자간에 공유된 규범으로 기능하는 것이다. 이러한 규범이 하나둘 사라지면 사회적 자본을 소실한 공동체는 조금씩 시들어가고 시장 교환에 의한 의무와 책임만 남게 된다. 위기에 공동으로 대응하지 못하고 생존을 위한 각자도생의 기술만 남는 것이다.

세계와 주고받는 관계의 확장이 사람과 사람을 이어주는 연대의 시작이자, 원숙한 자기이해에 도달하는 길이고, 물질적 풍요보다 귀한 생명애의 표현이라면 우리는 지금 무얼 해야 할까? 우리가 추구해야 할 진정한 가치는 어디에 있는 걸까?

가늠할 수 없는 욕망의 크기

기후 정의, 누구의 책임인가

2011년 기록적인 폭우로 서울시내 저지대 주택가가 침수되고 우면산에서 산사태가 일어나 9명이 사망했다. 참사 11년째인 지난 8월, 서울과 수도권에는 또다시 백 년 만의 폭우가 쏟아졌다. 시간당 140밀리미터●가 넘는 재앙에 가까운 폭우는 도시 기능을 순식간에 마비시켰고 5,103명의 이재민과 8명의 사망자를 냈다. 이러한 극단적 이상기후는 우리나라만의 현상이 아니다. 영국, 프랑스, 중국, 미국, 동아프리카 등은 극심한 폭염과 가뭄으로 생활용수가 고갈되고

● 시간당 강우량이 30밀리미터면 배수가 잘 되지 않는 곳은 도로가 침수되기 시작한다. 50밀리미터면 거리에 물이 차 보행이 불가능하고 차량의 바퀴가 거의 물에 잠긴다. 100밀리미터면 도로의 차량이 물 위로 떠오르기 시작하고 건물 저층부가 물에 잠긴다. (기상청 날씨누리 참조)

전력 공급이 중단됐다. 특히 파키스탄은 유례없는 폭우와 홍수로 국토의 3분의 1이 물에 잠기면서 1,300명 이상의 희생자가 발생했고 3,300만 명이 큰 피해를 봤다. 파키스탄은 지구에서 온실가스를 가장 적게 배출하는 나라 중 하나로 기후 변화의 직접적 책임이 없지만 기후 재앙의 최전선에 위태롭게 서 있다. 산업화 이후 온실가스 배출 누적량을 보면 미국을 비롯한 주요 선진국들이 기후위기를 야기한 주범이지만 기후 변화로 인한 심각한 피해는 도시기반시설이 미비한 제3세계 빈국들에 집중되고 있다(파키스탄은 주요 선진국들에게 기후 재앙의 책임을 물어 손해배상을 청구할 예정이다. 앞으로 기후소송과 국가 간 분쟁은 크게 증가할 것이다).

국제구호개발기구 옥스팜이 2015년 발표한 자료에 따르면 전 세계 상위 10퍼센트 부유층이 전체 이산화탄소의 절반을 배출한다. 반면 소득 하위 50퍼센트는 불과 10퍼센트만을 배출한다. 부유층의 지나친 소비문화가 기후위기를 불러왔다는 것이다. 하지만 전쟁, 전염병, 자연재해 등 모든 재난이 그렇듯이 기후위기 역시 부유한 사람보다 가난한 사람에게 더욱 가혹하고 회복할 수 없는 상처를 남긴다. 8월의 폭우도 그랬다. 강남 일대 저지대와 건물 지하주차장이 침수돼 1만 대 이상의 차량이 폐차되고 퇴근길 시민들이 어둠 속에 고립됐지만, 위험에 무방비로 노출된 사람들은 상습 침수지역 반지하 셋방에 거주하다 차오르는 수마를 피하지 못한 취약계층이었다. 반지하의 비극이 언론에 보도되자 서울시는 바로 다음날 주거용 반지하 건축 금지라는 극약처방을 발표했다.

범죄를 예방하는 방법은 범죄가 발각됐을 때 범죄자가 치러야 할 대가를 강화하거나 범죄 색출을 엄격히 하는 것이다. 범죄 색출은 추가적인 행정력이 동원돼야 하므로 비용이 소요되지만 처벌 강화는 비용이 들지 않는다. 따라서 정부는 세상이 떠들썩할 만한 안전사고가 발생할 때마다 규제와 처벌 강화로 대응해왔다. 하지만 반복되는 참사가 증명하듯이 규제와 처벌은 실효성이 없다. 규제는 언제나 빠져나갈 구멍이 있고 발각 가능성이 거의 없는 불법은 이미 불법이 아니기 때문이다. 반지하 건축을 법으로 금지할 경우 임대사업자는 수익성을 위해 지하층의 용도를 창고 등 비주거 용도로 인허가 신청하고 준공 후 불법 용도 변경할 것이 자명하다. 이들은 서울에만 백만 호가 넘는 다가구, 다세대 주택을 전수 조사하는 것이 현실적으로 불가능하고 범죄가 발각될 확률보다 탈법으로 인한 이득이 크다는 것을 경험으로 알고 있다. 또한 반지하 건축 금지는 침수지역이 아니거나 방재 설비를 적절히 갖춘 건물주들의 주거 선택권을 정부가 과도하게 제약한다는 문제도 있다. 결국 정부가 목표로 하는 취약계층의 주거 상향은 이들을 위한 임대주택을 마련해 순차적으로 이주시키는 방법뿐이다. 이는 안전한 사회를 만들기 위해 응당 우리가 부담해야 할 비용이지만 지금까지 외면해온 불편한 진실이다. 국토부는 서울시의 반지하 건축 금지가 현실성이 없고 임대주택 건설을 위한 재정이 부족한 상황에서 취약계층의 주거 안정성을 침해할 수 있다는 이유로 거부했다. 우리는 기후위기가 누구의 책임이고 이로 인한 사회적 비용을 누가, 얼마나 부담해야 하는지 고민해야 한다. 또 다른 비극이, 더 가혹한 비극이 꼬리에 꼬리를 물고 우리 뒤를 집요하게 쫓아오고 있지만 탄소배출 원인자에게 세금을 부과하는 탄소세 도입은 투자 위축과 비용 증가를 우려하는 산업계의 반대로 10년 넘게 국회에서 공회전 중이고 취약계층의 주거 상향은 차일피일 미뤄지고 있다.

무한한 '욕망'과 유한한 '필요'

단거리 노선에 자가용 비행기를 쉴 새 없이 띄우고 고성능 스포츠카를 여러 대 전시해놓은 헐리웃 유명 인사들이 기후위기의 주범으로 비난받고 있지만 (미국의 싱어송라이터 테일러 스위프트는 일반인 평균보다 1,184배 많은 탄소를 배출했다)

전 세계 상위 10퍼센트 부유층의 범위에는 주요 선진국 국민 대부분이 포함된다. 우리나라도 예외가 아니다. 선진국 국민들이 누리는 경제적으로 윤택한 삶은 지구가 가진 자체 복원력을 훼손하고 이로 인해 환경 부하가 어느 시점에서 임계점을 넘어서면 야생동물의 대량 멸종과 같은 비가역적 파괴가 시작된다.

경제학자 사이토 고헤이斎藤幸平는 『지속 불가능 자본주의人新世の'資本論'』(2020)에서 신기술을 이용한 '녹색성장', '지속 가능한 개발' 같은 성장 논리는 현대의 아편이며 현실도피라고 말한다. '제번스의 역설'•이라는 것이 있다. 19세기 영국에서는 석탄을 효율적으로 사용하는 기술 혁신이 이뤄졌지만 석탄 사용량이 줄기는커녕 오히려 늘어났다. 기술 발전으로 에너지 공급 비용이 감소하면 수요가 자연스럽게 증가하기 때문이다. 태양광 발전 같은 신재생에너지 기술이 발전하면 신재생에너지가 석탄 발전을 대체해 자원소비량과 탄소 배출이 줄어야 하지만 현실에서 사람들은 증가한 에너지를 덤으로 생각해 소비를 늘리고 탄소 저감 효과는 상쇄된다. 과거 대형 SUV는 공간이 크고 쾌적하

• Jevons paradox, 리바운드 효과라고도 한다. 공학적으로 절약된 에너지보다 새로운 수요로 인한 소비 반등이 큰 경우를 말한다.

지만 유지비용이 비싼 탓에 외면받았다. 하지만 자동차 연비가 좋아지자 소형차와 세단을 누르고 소비자들이 가장 선호하는 상품이 됐다. 에어컨 역시 마찬가지다. 한때는 전기요금이 무서워 사용 시간을 제한했지만 에너지 효율이 두 배 이상 좋아지자 소비자들은 전기 요금 걱정 없이 하루 종일 에어컨을 돌리고 있다. 기술의 진보가 기후 변화를 막을 수 없는 이유는 수요공급의 원리, 상품소비 시장경제에 기반한 자본주의가 '필요'가 아닌 '욕망'으로 작동하는 기계이기 때문이다.

　욕망이 필요와 다른 점은 무한하다는 것이다. 필요는 충족되지만 욕망은 결코 충족되지 않는다. 사람들은 더 많은, 더 큰, 더 빠른, 더 희소한 상품과 서비스를 욕망한다.* 자본과 미디어는 사람들의 인정 욕구를 이용해 전에 없던 새로운 욕망을 생산하고 선망의 대상을 유포한다. 그리고 그것을 성장이라 부른다. 시장에 참여하지 않는 사람, 소비하지 않는 사람은 쓸모없는 사람이다.** 여기서 성장할수록 가난하다고 느끼는 사람들이 늘어나는 현대의 아이러니가 탄생한다. 욕망은 영원히 빠져나올 수 없는 다이달로스의 미궁과 같아서 출구를 알려주는 실타래가 없으면 자력으로 탈출이 불가능하다. 무한한 '욕망'을 유한한 '필요'로 돌리지 않는 한 파괴는 가속되고, 최소한의 '필요'조차 충족하지 못한 채 생활하고 있는 취약계층은 제일 먼저 생존의 기로에 놓일 것이다.

약 백 년 전 코르뷔지에는 「건축이냐 혁명이냐」(1927)에서 건축이 노동자들의 비참한 삶의 조건을 개선하지 못한다면 혁명은 불가피한 선택이라고 말했다. 19세기 말 서유럽 대도시에서는 급격한 산업화와 도시화로 인한 주택난, 빈부격차, 환경오염, 범죄, 전염병 등으로 혁명의 기운이 높아지고 있었고 근대건축가들의 최우선 과제는 시민들의 '필요'를 충족시켜 사회를 보호하는 것이었다. 오늘날 사회를 분열하고 파괴하는 혁명의 단초가 있다면 무엇일까? 많은 학자가 우려하듯이 기후위기가 아닐까? 위기crisis의 그리스어 어원 'krinein'은 선택, 결단을 뜻한다. 인류는 또 한 번 선택의 기로에 서 있다.

- 남과의 비교를 통해 상대적 가치가 생기는 재화나 서비스를 위치재라고 한다. 사회적 지위를 표시하는 고급주택, 자동차, 직업, 예술품 등이 해당한다. 위치재는 대부분 사치품이라 사치세를 부과하면 소비를 줄일 수 있지만 풍선효과와 조세회피 등의 부작용이 나타날 수 있다.

•• 뉴욕 빈민가의 보좌신부이자 급진적 사상가였던 이반 일리치는 『누가 나를 쓸모없게 만드는가』(1978)에서 시장 상품으로서의 인간을 거부하고 과도한 시장의존과 전문가 권력이 초래한 '가난의 현대화'를 비판했다.

거대함이라는 건축 판타지

2000년대 세계 건축계에서 가장 영향력 있는 스타 건축가는 네덜란드의 렘 콜하스Rem Koolhaas였다. 우리나라에도 그가 설계한 서울대학교미술관, 리움미술관, 광교갤러리아 백화점 등이 있다. 그는 특이하게도 건축가가 되기 전 저널리스트와 건축 비평가로 이름을 알리기 시작했는데, 그의 저서 『정신착란증의 뉴욕Delirious New York』(1978)과 『S, M, L, XL』(1995)는 전 세계 건축학도들의 책장에 꽂혀 있는 필독서다. 대도시와 크기를 지칭하는 책 제목에서도 알 수 있지만 그의 도시관은 뉴욕 맨해튼처럼 격자 가로망과 거대 블록으로 구성된 도시에 섬처럼 띄엄띄엄 떨어져 있는 거대한 건물들이 각자 독립된 '도시 속의 도시'라는 것이다. 사람들은 그 안에서 충분히 자족적이고 자유로운 생활을 영위할 수 있으므로 도시 가로와 광장 같은 전통적 도시 모델은 더 이상 유효하지 않다. 그에게 현대 대도시는 '거대함'을 궁극의 목적으로 하는 욕망의 심리 공간이다. 도시라는 물리적 공간은 이미지로 녹아내리고 남은 것은 역사적·문화적·사회적 맥락에서 이탈한 기념비 같은 건물뿐이다.

그는 바벨탑처럼 거대한 볼륨의 상자를 만들고 그 안에 사람들이 이용하는 여러 용도의 프로그램들을 쏟아 넣은 후 마술사처럼 상자를 마구 흔들어 재구성한다. 그렇게

렘 콜하스, 뉴욕의 격자 도시 구조 위에 표류하는 환상적인 섬들, 1972(위)
렘 콜하스, 광교갤러리아백화점, 2020(아래)

만들어진 예측할 수 없는 공간과 전형을 벗어난 프로그램 조합은 기존의 위계와 제도를 뒤흔드는 자유와 해방의 연금술로 전시된다. 거대함은 선과 악을 구분하는 어떤 외부의 이데올로기로부터 벗어나 전체the whole를 재건하는, 최대한의 차이가 공존하는 대도시의 집합적 삶을 상징한다.

이러한 도시관이 가능한 이유 중 하나는 그가 현대사회에서 인간의 모든 행위는 쇼핑으로 환원된다고 믿기 때문이다. 그에 따르면 이데올로기가 종식되고 유토피아 사상이 고갈된 현대사회에서는 종교도 교육도 의료도 모두 쇼핑의 일종이므로 모든 건물은 결국 하나의 쇼핑몰이다. 건물을 제외한 나머지 도시 공간은 따로 떨어진 섬들을 연결하는 운송과 통신의 영역, 섬을 위한 배경이다. 따라서 도시민에게 주어진 유일한 삶의 방식은 솜씨 좋은 건축가가 자본의 힘에 의탁해 만든 거대한 트로피 안에서 자유와 해방의 경험을 쇼핑하듯 누리는 것뿐이다. 하지만 시장 논리에 의해 만들어진 가상의 세계에 자발적으로 유배될 때에만 누릴 수 있는 자유가 진정한 자유인가? 자본이 분절과 고립, 착취와 억압을 은폐하기 위해 연기하는 대도시의 거대한 스펙터클이 인간성을 대체할 수 있는가? 도시민의 역사적 자긍심, 자율성, 창조성, 연대의식, 노동의 기쁨 등이 사라진 이러한 생활양식은 배제와 차별, 극단적 양극화를 낳은 거대 자본의 위력을 무비판적으로 수용한다는 점에서 비난을 피할 수 없다. 현대사회의 단편이 전체로 과대 대표된 콜하스의 도시 모형과 건축은 대다수 도시민에게 환상을 심어주는 잔인한 건축 판타지다. 건축가를 위시한 전문가 집단이 전체를 조망하는 해법을 제시할 수 있다는 근대의 '영웅주의', 대중문화와 규모의 경제를 신봉하는 '거대주의'가 이 판타지의 숨은 조력자다.

작은 것이 아름답다

1973년 출간된 에른스트 슈마허E. F. Schumacher의 책 『작은 것이 아름답다Small is beautiful』는 물질적 풍요와 첨단과학 기술에 기반한 인류의 보편적 번영만이 평화의 굳건한 토대라는 주류 경제학에 도전한다. 책 제목은 '큰 것은 추하고 작은 것만 아름답다'는 오해를 불러일으키지만, 이 책에서 슈마허가 주장하는 바는 모든 일에는 중도를 지키는 '적정 규모'와 '적정 기술'이 필요하며 현대사회에 광범위하게 퍼진 거대주의는 지역 간 격차, 양극화, 환경오염, 비인간화, 폭력 등을 고착화한다는 것이다. 인류를 위협하는 커다란 위험은 원자력 발전, 유전자 조작, 우주 개발처럼 인간의 불완전하고 부분적인 지식을 대규모로 이용하는 데서 나오고, 소비를 경제활동의 유일한 목적으로 여기는 근대 경제학은 많이 소비하는 사람이 적게 소비하는 사람보다 행복하다는 전제 아래 성장을 위한 모든 수단을 동원하기 때문이다.● 질적 차이가 양적 지표(가격)로 환원한 시장에서 소비자는 자신에게 유리한 재화와 서비스를 찾아다니는 이기적 사냥꾼이다. 그는 재화의 산지나 생산 조건, 그 배후에 놓인 사회적 관계를 고려하지 않는다. 즉, 자유시장은 개인주의와 무책임의 제도화다. 인간의 인식 범위를 벗어난 시장의 거대함과 초국적 생산 시스템은 패스트패션 뒤에 숨은 아동노동 착취와 환경오염, 커피와 초콜릿 산업으로 대표되는 불공정 무역, 대기업의 저임금 불법 하도급, 첨단 산업의 부정적 외부효과 등 시장의 실패를 은폐한다는 점에서 욕망의 결과이자 전제조건이다. 반면 적정 규모와 적정 기술은 누구나 쉽게 접근할 수 있을 만큼 값이 싸고, 소규모

● 특정 재화나 서비스의 소비가 증가할수록 추가적으로 얻는 효용(만족감)이 작아지는 현상을 경제학에서는 '한계효용체감의 법칙'이라고 부른다. 배고픈 사람은 조금만 먹어도 만족감이 크지만 음식을 계속 먹으면 처음 느꼈던 만족감을 느낄 수 없다. 부와 행복의 관계도 이 법칙을 따르는데 1974년 발표된 '이스털린의 역설'이 유명하다. 그는 어떤 한 시점에서는 부유한 사람이 가난한 사람보다 더 행복하지만, 시간의 경과에 따라 소득이 더 증가한다고 해서 행복도 그와 비례해 증가하지 않는다고 주장했다. 노벨경제학상 수상자 다니엘 카너먼과 앵거스 디턴의 연구(2010)에 따르면 연간 소득이 7만5천 달러를 초과하면 돈이 정서적 안녕에 미치는 영향은 줄어든다. 이에 반박하는 연구 결과도 다수 있지만, 부가 행복의 결정적 요소가 아니라는 사실은 공통적이다.

이용에 적합하고, 인간의 창조적 욕구에 부합할 수 있다는 점에서 인간과 자연이, 인간과 인간이 평화롭게 공존할 수 있는 삶의 기반이 된다. 놀랄 만큼 적은 수단과 자원으로 만족할 만한 기쁨을 산출하는 '소박함', 탐욕과 집착이 아닌 인간성의 순화를 문명의 본질로 보는 '비폭력주의'만이 인류를 구원할 영원한 지혜다.

간디는 "대지는 모든 사람의 필요를 충족시키기에 충분하지만 모든 사람의 탐욕에 대해서는 그렇지 않다"고 말했다. 전 세계 대도시에서는 지금도 마천루들의 높이 경쟁이 벌어지고 있는데 최근 높이 435미터, 82층 규모로 완공된 뉴욕 맨해튼의 스타인웨이 타워는 맨해튼에서 세 번째로 높고 펜트하우스 한 채의 가격이 한화로 약 920억 원(2025년 현재, 4개층 규모의 쿼드플렉스 최고가는 1560억 원)에 이른다. 이것이 욕망의 크기다. 선진국은 자신이 누리는 물

●● 1950년대까지만 해도 근대화된 서구를 보편적 발전모델로 일반화해 가난은 근대화의 부족 때문이며 기술화, 도시화, 산업화 등을 촉진하면 빈곤을 퇴치할 수 있다는 '근대화 이론'이 보편적이었다. 하지만 1960년대에 저개발은 근대화의 부족이 아니라 부유한 자본주의 국가들이 가난한 국가들을 착취하기 때문이라는 마르크스주의적 '종속이론'이 등장했다. 1990년대에는 후기구조주의의 영향으로 서구가 비서구를 문화적으로 지배하기 위해 개발을 이용하고 있다는 문화담론적 비판이 등장했다. 이러한 주장은 세계화와 신자유주의 성장 이후의 세계를 모색해야 한다는 탈성장 이론에 큰 영향을 미쳤다.

센트럴 파크를 마주하고 있는 고급아파트 스타인웨이 타워, 2022

질적 풍요가 노력과 능력에 대한 정당한 보상이라고 믿지만 그들의 풍요는 유한한 지구 자원을 무한한 것처럼 소비하고 오염을 외부 세계(개발도상국)와 미래 세대에 전가함으로써 얻어진 약탈적 경제**의 산물이다. 우리는 이 혐의에서 얼마나 자유로울 수 있을까? 슈마허의 명제 "작은 것이 아름답다"는 물질은 탐하는 것이 아니라 향유하는 것이라는 선인들의 오래된 가르침을 되새겨준다.

기후위기로 도전받는 투명성의 신화

남성적 건축과 여성적 건축

고대 로마 건축가 비트루비우스는 고대 그리스 기둥 양식을 설명하며 장식 없는 도리아식•은 남성을, 부드러운 곡선의 이오니아식은 여성을, 화려하고 장식적인 코린트식은 처녀를 상징한다고 말했다. 고대 그리스 로마를 계승한 르네상스 이후 건축에서 건물을 남성과 여성에 비유하는 방식은 일반적이었다. 남성적인 건물은 견고하고 단순하고 엄숙하고 수직적이며 여성적인 건물은 허약하고 복잡하고

- Doric Style, 주범양식(오더)는 형태와 비례에 따라 구분되며, 고대 그리스 시대에 정립된 3종(도리아식, 이오니아식, 코린트식)과 훗날 로마인들이 추가한 2종(토스카나식, 복합식)으로 구성된다. 고대 그리스 시대에는 기둥이 건물을 지지하는 구조 역할을 했지만 로마시대에는 벽과 아치가 그 역할을 대신하면서 오더는 점점 장식과 의장 용도로 사용됐다.

가볍고 수평적이라는 이항대립의 문학적 은유가 사용된 것이다.

건축은 당대인들의 의식을 반영하는 사회적 산물이다. 건축 행정을 주도했던 지배 계층 대다수는 국가적 품위를 갖춰야 하는 궁전, 신전, 관공서 등의 공적 건물은 남성적이어야 하고 공주의 방, 정원, 시골 별장 등은 여성적이어야 한다고 여겼다. 18세기 건축 이론가 자크 프랑수아 블롱델Jacques-François Blondel은 여성적인 로코코 양식을 공격하며 남성적 건축의 우위를 전파했고, 높이의 미학을 보여준 19세기 고딕부흥운동 역시 남성적 건축을 지지했다. 미국의 사상가 랄프 왈도 에머슨Ralph Waldo Emerson은 미국의 건축이 유럽에 비해 지나치게 여성적이고 몰개성적이라며 건축에 진취적인 남성미가 필요하다고 주장했다. 중력에 저항하는 힘과 광활한 넓이를 표현하는 남성적 건축이 여성적 건축보다 우월하다는 인식이 지배층과 엘리트 건축가들 사이에 팽배했다.

건축에서 남성과 여성이라는 젠더 비유가 사라진 것은 20세기 초 모더니즘 건축이 태동하면서부터다. 모더니즘 건축은 건축을 문학이나 기타 사회적 용어가 아닌 가치중립적인 건축 고유의 언어로 표현하고자 했고, 인간 해방과 자유를 갈구하는 세기말적 분위기는 이러한 경향을 강화했다. 유럽을 휩쓸었던 파시즘과 전체주의가 남성적이고 고전적인 합리주의 건축을 지지했던 탓에 양차 대전 이후 젠더 언어가 건축에서 금기시된 이유도 있다.

모더니즘 건축이 발명한 고유 언어는 공간, 기능, 디자인, 형태, 구조, 투명성 등이다. 하지만 건축에서 남성성이라는 지배적 이데올로기가 완전히 사라진 것은 아니었다. 모더니즘 건축은 일반적으로 질서와 위계를 중시했고 일부 건축가는 기계적 운동과 힘들 사이의 긴장, 중력에 저항하는 힘의 흐름을 시각적으로 표현하려 했다. 명시적 언급은 꺼렸지만 이는 남성성과 연결된 개념들이다. 투명함은 베일에 가려진, 어둡고 제한된, 경계가 불확실하고 모호한 모태 공간과 대비되어 남성성을 표현했다.

계몽주의가 낳은 건축의 투명성

코르뷔지에는 근대건축 5원칙으로 필로티, 자유로운 평면, 자유로운 입면, 가로로 긴 띠창, 옥상정원을 꼽았다. 그가 처음 착안하거나 실무에 적용한 요소는 아니지만 20세기 초 근대건축을 설명하기에 유용한 개념이다. '필로티'는 기둥으로 건물을 들어 올려 그 아래 공간을 사람이나 차량이 자유롭게 드나들 수 있도록 만든다. '자유로운 평면'은 사용

근대건축 5원칙이 적용된 빌라 사보아, 1931

자 요구에 맞춰 평면 형태와 크기를 유연하게 조형하며, '자유로운 입면'은 투명한 창과 불투명한 벽을 의도에 따라 임의로 구성하고, '가로로 긴 띠창'은 자연을 파노라마로 조망할 수 있게 한다. 마지막으로 '옥상정원'은 지붕을 경사 대신 평면으로 만들어 인공녹지와 옥외 활동 공간을 확보한다. 얼핏 보면 다섯 요소가 각기 다른 기능과 목적을 갖고 있는 듯 보이지만 5원칙을 관통하는 주요한 내용은 건물이 무너지지 않도록 뼈대를 이루는 구조 시스템이 획기적으로 변화했다는 데 있다.

건축의 역사는 거대한 지붕을 지지하기 위한 구축술의 역사이기도 하다. 근대 이전 나무, 흙, 돌, 벽돌을 주로 사용했던 건축은 재료의 강도와 자재 수급, 구조 공학적 한계로 인해 다중이 이용할 수 있는 대공간을 만드는 데 어려움이 있었다. 기원전 고대 그리스 건축은 지붕을 받치는 기둥과 기둥 사이 간격, 경간span이 3~4미터로 제한됐는데 기둥과 보에 사용된 돌이 양쪽에서 누르는 압축력에는 강하지만 잡아당기는 인장력에는 약하고 자중이 무거워 쉽게 아래로 처지는 특성을 지녔기 때문이다. 기둥 위에 얹힌 보의 길이가 길어지면 자중이 아래로 누르는 힘에 의해 보가 파괴된다. 이러한 어려움 때문에 고대 로마 시대에 지어진 판테온은 지름 43미터에 이르는 거대한 돔을 지지하기 위해

6미터에 이르는 두꺼운 벽기둥 열여섯 개가 필요했고, 15세기 르네상스 시대 피렌체 산타마리아 델 피오레 성당은 거대한 지붕을 덮을 기술력이 부족해 성당이 완공된 후 70년 가까이 지붕 없이 생활했다.—현재 지붕을 덮고 있는 돔은 판테온을 연구한 건축가 브루넬레스키*가 설계안을 고안해 '브루넬레스키의 돔'이라고 부른다.—구조공학이 발달한 중세 고딕 성당을 제외하면 서양건축은 구조적 한계로 인해 지붕을 지지하기 위한 육중한 벽과 기둥이 실내 공간을 에워싸면서 실내가 실외와 엄격히 구분되고 어두울 수밖에 없었다. 하지만 근대에 철골, 철근콘크리트, 철재트러스 구조 방식 등이 개발되자 경간은 10미터 이상으로 늘어났고 두꺼운 벽이 아닌 얇은 기둥만으로 건물의 하중을 지지할 수 있게 됐다. 구조 기둥을 제외한 모든 벽을 자유자재로 사용할 수 있게 되면서 실내 공간을 구획하는 평면과 건물을 에워싸는 입면의 구성이 자유로워진 것이다. 이제 건물은

- Filippo Brunelleschi, 1377~1446. 피렌체에서 금세공 장인으로 시작했지만 20대에 고대 로마 유적을 연구하러 로마로 건너가 초기 르네상스 건축의 선구자가 됐다. 1410년경 소실점을 향해 사물의 크기가 작아진다는 선원근법 체계를 처음 확립했고, 그의 이론은 알베르티, 우첼로, 프란체스카 등에 의해 발전되어 16세기 초에는 기초 상식으로 자리 잡았다. 오스페달레 델리 인노첸티, 산 로렌초 성당, 산토 스피리토 성당 등을 설계했다.

온실처럼 유리로 완전히 에워싸일 수도 있게 되었다.

1851년 런던 하이드파크에서 개최된 만국박람회 수정궁Crystal Palace 건물은 세계 최초의 철골 건축물로 축구장 열여덟 개 크기의 거대한 유리온실이었다. 7미터 모듈의 주철 기둥과 판유리만으로 만들어진 이 건물은 쏟아지는 자연광과 내외부를 완전히 관통하는 투명함으로 관람객들의 경탄을 불러일으켰고 '투명함'은 근대를 이끈 과학기술, 이성에 기반한 계몽주의, 계급을 초월한 하나의 세계를 상징하는 아이콘이 됐다. "장식은 범죄다"라는 언명으로 유명한 아돌프 로스Adolf Loos처럼 실내 공간의 흐름과 구성에 집중해 창에는 큰 의미를 부여하지 않은 사례도 있지만, 신기술에 눈을 뜬 많은 근대건축가들이 새 시대를 창조하기 위해 앞다투어 거대한 투명함을 전시했다. 이들의 구호는 하나였다. "역사는 없다. 창조하라!" 대표적인 예가 모더니즘 건축의 거장이자 바우하우스를 이끌었던 미스 반 데어 로에●●다. 그는 바르셀로나 파빌리온(1928), 플라노 판스워스 주택(1951), 뉴욕 시그램 빌딩(1958) 등에서 투명함을 이용해 무한히 확장하는 공간과 시간을 초월한 궁극의 가치를 표현했다.

투명함은 모더니스트들이 원하던 건축 고유의 언어이자 인간 해방의 도구였다. 반면 불투명함은 뒤에 뭔가를 숨

기고 있는, 정직하지 못한, 억압적인 봉건 사회를 상징했다. 미스는 경력 초기에 건축의 산업화가 모더니즘의 최우선 과제이며 산업화가 모든 사회적, 경제적, 기술적, 예술적 문제들을 해결하리라 확신했기에 철이나 유리처럼 산업 생산된 재료의 적용은 당연한 결과였다. 그에게 노동과 생산의 재구성은 건축의 사회적 가치와 실천을 의미했다.

물론 여러 예술 운동과 마찬가지로 모더니즘 건축 역시 시기별로 여러 사조와 경향이 혼재되어 있어 건축가들이 단일대오를 이뤘던 것은 아니다. 핀란드의 국민 건축가 알바 알토Alvar Aalto와 미국의 라이트는 미스와 함께 모더니즘 건축의 거장으로 손꼽히지만, 이들은 지역 고유의 문화와 역사, 환경 조건을 존중하는 건축 철학을 발전시키며 정통 모더니즘과는 일정 거리를 유지했다. 알토는 물 흐르는 듯한 자유 곡선으로 에워싸인 벽과 북유럽의 일조를 고려한 천창을 주로 사용했고 라이트는 토속적인 재료를 사

●● Ludwig Mies van der Rohe, 1886~1969. 근대건축의 개척자로, "Less is more" 철학을 바탕으로 불필요한 장식을 제거한 단순한 형태와 합리주의적 공간을 추구했다. 고정된 벽과 구획, 구조 기둥을 최소화해 내부 공간을 자유롭게 활용하고, 건물의 외피를 투명한 유리로 감싸 개방적 공간을 만드는 '유니버셜 스페이스' 개념을 제시했다. 압도적 정확성, 논리적 일관성, 대담한 단순성 등을 통해 건축은 정신적 결단의 공간적 표현임을 주장했다. 그는 "건설의 단순함, 구조적 수단의 명료함, 물질의 순수함이 독창적 아름다움의 투명성을 반영한다"(1933)고 말했다.

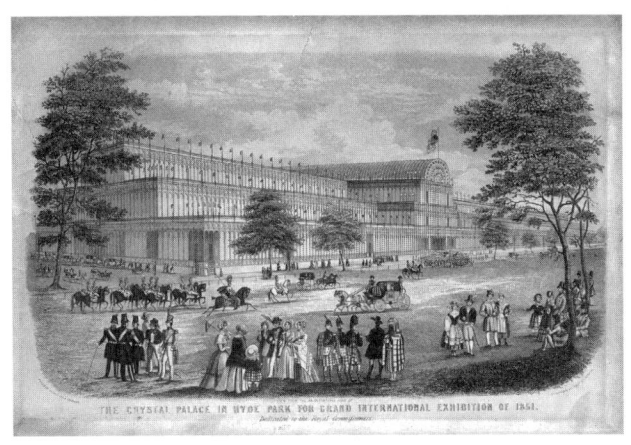

런던 만국박람회 수정궁, 1851

투명한 시그램 빌딩 로비

용한 자신의 건물을 여성에 비유하기도 했다. 이들의 건축은 미스보다 포용적이고 유기적이고 따뜻하다. 하지만 현대 대도시를 정의하는 '규모'와 '밀도'는 미스의 건축을 필요로 했고 1950년대 이후 미스를 추종하는 수많은 미시안miesian이 전 세계로 퍼져나갔다.

유리의 성으로 가득한 현대 도시

여의도, 종로, 강남 같은 중심업무지구에는 고층 유리 커튼월 건물이 즐비하다. 커튼월curtain wall은 말 그대로 커튼처럼 건물의 하중을 지지하지 않고 건물에 매달려 있는 칸막이벽을 뜻하는데 흔히 건물의 외피를 덮고 있는 유리벽을 지칭할 때 사용된다. 커튼월은 보편적으로 적용 가능한 과학기술의 가치중립성을 추구한 근대 국제주의 양식의 영향으로 우리나라뿐만 아니라 전 세계 대도시 어디서나 공통적으로 볼 수 있는 건축 기법이 됐다. 도시적이고 세련된 분위기를 풍기는 커튼월 건물의 인기는 20세기 후반 포스트모더니즘 건축이 유행하면서 잠시 주춤했다. 포스트모더니즘 건축은 자기완결적인 모더니즘의 폐쇄성을 비판하며 건축을 일종의 의사소통 매체로 보고 건물의 외피를 규범화된 기둥, 아치, 쐐기돌, 러스티케이션• 등과 같은 고전적 건축 어휘 또는 대중문화의 소비적 기호로 장식했다. 오해가 불가피하더라도 건축이 관찰자로 하여금 어떤 심상을 불러일으키는 데 그치지 않고 직접 말할 수 있다고 본 것이다. 근대를 상징하는 투명함과 명료함은 이들의 주제가 아니었다. 이들은 일상적이고 수다스러운 건축에서 삶을 풍부하게 하는 문학적 의미를 찾으려 했다. 하지만 1990년대 들어 양식으로서의 포스트모더니즘은 지나치게 퇴행적인 현실 인식에 대한 거부감과 버블 경제에 의탁한 상업적 건축이라는 불명예를 안고 퇴장했고 대도시는 다시 유리의 성으로 뒤덮였다.

포스트모더니즘이 퇴장하고 남은 빈자리는 해체주의와 노먼 포스터, 리처드 로저스, 니콜라스 그림쇼 등으로 대표되는 영국의 하이테크High-Tech 건축가들이 채워나갔다. 건축과 최첨단 기술의 결합을 추구하는 하이테크 건축은 투명성, 구조와 재료의 정직성, 산업화된 기계 미학을 추구했던 모더니즘을 직접 계승한 동시에 러시아 구축주의, 미래파, 아키그램** 등 진보와 역동성에 관한 다양한 양식을 참조하며 발전했다. 하이테크 건축의 기원을 좀 더 거슬러 올라가면 18세기 계몽주의 건축을 대표하는 구조합리주의와 조우한다. 이들은 인본적 가치를 중시한 르네상스 건축, 과도한 장식과 주관성을 추구한 바로크 건축이 논리와 객관성을 결여했다고 보고 실증 가능한 효율을 추구했다. 불필요한 장식과 재료의 낭비 없이 효율적으로 작동하는 기계가 그들이 믿는 신의 섭리였다. 신은 자연을 창조했을 뿐 인간사에 개입하지 않는다는 이신론deism이다. 계몽주의 시대 대표적인 그리스도교 사상인 이신론은 구조합리주의 건축의 뿌리를 이뤘고 마크 로지에, 장 루이 드 코르드무아 같은 성직자들이 서양건축 역사의 전면에 등장하는 계기가 된다. 이들은 내력벽으로 건물을 지지하는 로마식 건축이 종교를 오염시키는 세속주의의 주범이라고 봤다. 건물이 온통 벽으로 에워싸여 있으면 사람들이 화려한 성물로 벽을 장식하려 했기 때문이다. 반면 얇은 기둥만으로 지붕을 지지해 벽에 큰 창을 낼 수 있는 그리스식 건축은 실내를 밝은 빛으로 가득 채울 수 있어 신의 뜻에 가장 가깝다고 생각했다.

- Rustication, 돌의 가장자리를 깎아내어 중앙부를 돌출시키거나 거칠게 만드는 장식 기법. 건물 기초의 거친 돌받침대에서 유래했으며 고대부터 건물이 튼튼하고 중요하고 잘 보호된다는 인상을 주기 위해 사용됐다.
- ●● Archigram, 1960년대 영국에서 활동한 아방가르드 건축그룹. 과학기술에서 영감을 얻은 가상의 프로젝트에서 미래적이고 팝아트적인 작품을 선보였다. 고도성장 시대에만 가능한 소비주의적 성격이 비난받았지만 현대건축과 하이테크 건축에 큰 영향을 줬다.

시대가 흘러 오늘날 밝고 투명한 공간에서 종교적 의미를 찾는 이들은 드물다. 하지만 기술이 대부분의 문제를 해결할 수 있다고 믿는 하이테크 건축의 낙관적 과학주의나 민주주의, 참여와 소통, 소셜 믹스 등을 강조하는 현대건축의 흐름은 투명성을 여전히 절대적 가치로 신봉하고 있다. 특히 공공 건축에서 이러한 경향이 두드러진다. 건축가 리처드 로저스*와 렌조 피아노**가 공동 설계한 프랑스 파리의 퐁피두 센터가 대표적인데 이 건물은 전면 광장과 마주한 투명한 유리 외피가 누구나 접근할 수 있고 사용할 수 있다는 인상을 준다. 계획 당시 놀이와 참여, 무형식의 실험 건축을 목표로 했지만 정작 이 건물에서 가장 눈에 띄는 것은 모더니즘이 강조했던 유리의 투명성과 네모난 건물의 볼륨이다.***

독일 현대건축의 선구자이자 이단아였던 건축가 귄터

- Richard Rogers, 1933~2021. 이탈리아에서 태어난 영국 건축가로, 하이테크 건축과 정치적 실천으로 유명하다. 2007년 프리츠커상을 수상했고 런던 로이드 빌딩과 밀레니엄 돔, 여의도 파크원 빌딩 등을 설계했다.
- Renzo Piano, 1937~. 이탈리아 건축가로, 예술, 건축, 엔지니어링을 높은 수준에서 종합해 혁신적 디자인을 선보였다. 1998년 프리츠커상 수상 당시 심사위원회는 그를 우리 시대의 미켈란젤로라고 평했다. 뉴욕 뉴욕타임스 빌딩, 오사카 간사이 공항, 서울 KT 광화문 신사옥 등을 설계했다.

하이테크 건축을 대표하는 퐁피두 센터

베니쉬Günter Behnisch 역시 민주주의의 이상을 투명한 유리 건축으로 구현했던 대표적 인물이다. 2차 세계대전 당시 독일 유보트 해군장교로 참전했다가 영국에서 전쟁포로 생활을 했던 그는 폭력적인 국가사회주의에 대한 회의와 반성으로 권위주의 타파와 민주주의를 위한 건축에 일생을 헌신했다. 투명하고 가벼운 유리 건축은 히틀러가 강제했던 허세와 허풍의 건축, 무겁고 거대하고 불투명한 석조 건축의 안티테제였다. 하지만 히틀러의 건축과 마찬가지로 그의 건축도 명백히 이념과 관념의 산물이었던 탓에 실사용에 있어 많은 문제를 일으켰다. 단열이 취약해 여름에는 건물이 찜통이 됐다가 겨울에는 다시 냉골이 됐고 동굴처럼 소리가 울려 대화도 어려웠다. 사생활 침해도 문제였다.

●●● 퐁피두 센터는 현대건축에 한 획을 그은 논쟁적 건물로 현상설계공모 당시부터 찬반 양론과 다양한 비평이 쏟아졌다. 찰스 젱크스는 외부로 노출된 구조와 설비의 과장된 표현이 사용자와 적극적으로 의사소통하는 기호로 읽힌다는 점을 높이 평가했지만 레이너 밴험은 이를 진정한 기술적 성취와는 동떨어진, 시각적 효과에만 몰두한 일종의 연극적 장치에 불과하다고 냉소했다. 건물의 투명성에 대한 평가는 에이드리언 포티, 케네스 프램튼, 에이먼 카니프, 장 보드리야르 등의 비평이 참고할만하다.

온실가스의 주범이 된 유리 커튼월

2019년 뉴욕시는 유리 커튼월 건물이 온실가스 배출의 주범이라는 이유로 신축을 금지했다. 기존에 지어진 유리 커튼월 건물도 2030년까지 에너지 리모델링을 하지 않으면 벌금이 부과된다. 단열 성능이 낮은 건물 외피를 고효율 자재로 교체하는 그린뉴딜 사업의 일환이다.

일반적으로 유리는 단열재가 부착된 벽에 비해 열손실이 크고 여름에는 온실처럼 실내 온도를 높여 냉난방 공조에 필요한 에너지가 과도하게 소모되는 문제가 있다. 2000년대 이후 고성능 창호가 속속 개발되면서 현재는 열 성능이 벽체에 가까운 창호도 시중에 나와 있다. 하지만 문제는 비용이다. 여러 겹의 로이 코팅 유리를 적층시키고 프레임을 두껍고 복잡하게 만들어 열 성능을 향상시킨 고성능 창호는 단일 공정으로는 골조 공사 다음으로 공사비가 많이 든다. 따라서 건물 외피 면적이 큰 대형 건축물에서는 사업비가 기하급수적으로 늘어날 수 있다.—친환경을 표방하는 하이테크 건축 대부분이 일반 건축비를 크게 초과하지만 랜드마크를 원하는 자본가들은 여전히 하이테크 건축을 선호한다. 정보통신, 항공, 자동차, 금융 등 최첨단 기술을 홍보해야 하는 테크 기업일수록 더욱 그렇다.—각국 정부는 이러한 문제 때문에 건물 전체 표면적에서 유리창이

차지하는 면적비를 제한하거나 창호로 인한 손실 에너지를 신재생에너지 등으로 보충할 수 있도록 규정하고 있다.

한편 유리창은 자연채광을 적절히 사용할 경우 실내 인공조명 부하를 줄이는 효과도 있다. 주거용에 비해 조명 부하가 큰 업무용 건물에서는 유리창을 많이 설치하더라도 건물의 향, 각 실의 배치, 시간대별 사용 패턴 등에 따라 에너지 소모량이 크게 달라진다. 따라서 뉴욕시처럼 유리 커튼월 건물의 신축을 전면 금지하는 것은 어떤 측면에서 불합리하거나 과도한 규제처럼 느껴지기도 한다.

하지만 이러한 정부 규제와 인식의 변화는 기후위기가 우리의 생존을 위협하는 목전의 위기라는 사실을 환기하는 동시에 수백 년간 서구 역사를 관통해온 투명성의 신화에 균열이 가고 있음을 상징적으로 보여준다. 기후위기로 인해 촉발됐지만 인구 구조의 변화, 만성적 저성장, 전통적 공동체의 해체, 초연결사회의 등장, 다원화된 시민사회의 요구, 위험사회와 일상화된 재난 등은 기존과 전혀 다른 의미의 투명성을 요구할 수 있다. 근대건축과 모더니즘 미학이 산업화의 직간접적 결과물이라면 산업화로 인해 누적된 위기가 현실화한 오늘의 건축은 새로운 미학을 필요로 한다. 영원한 건축 담론은 없다. 시대적 요구가 변하면 건축도 변해야 한다.

죽을 자들이 땅 위에 존재하는 방식

장소의 고유한 힘

르네상스를 대표하는 건축가 팔라디오는 이탈리아 비첸차 도심 외곽에 '빌라 로툰다'라는 고급 별장을 설계했다. 평면이 정사각형에 가깝고 네 면이 모두 대칭이며 중앙홀로 모든 공간이 수렴하는 구심형 건물이다. 엄격하고 추상적인 구성 때문에 이 건물은 팔라디오뿐만 아니라 르네상스를 대표하는 건물이 됐고 지금도 사람들 대부분은 빌라 로툰다에서 이성에 기반한 합리주의, 자연을 지배하려는 인간 중심적 사고를 떠올린다. 하지만 팔라디오가 쓴 『건축사서 I Quattro Libri dell'Architettura』●를 보면 이런 후대의 평가에 의구심을 갖게 된다. 그가 이 건물이 자리한 대지를 설명하면서 사방으로 아름다운 언덕과 숲, 포도밭으로 둘러싸여 있어 자연에 가까이 가기 위해 건물을 대칭으로 구성했다고 말하기 때문이다. 설명을 듣고 건물을 다시 보면 특이한 점이 눈에 들어온다. 그가 설계한 고급 별장들은 포치••가 대부분 정면에만 하나 있지만 빌라 로툰다는 네 면에 모두 있고 열주를 가진 로지아 형식으로 구성되어 사방의 자연경관을 자유롭게 조망할 수 있는 전망대 역할을 한다. 게다가 포치의 면적을 모두 합치면 건물의 실내 면적과 같아질 정도로 규모가 크다. 이러한 구성은 그의 작품 중에서 극히 예외적인 경우다. 팔라디오는 동서남북 서로 다른 차이의 풍경을 건물에 담기 위해 대칭이라는 도구를 사용했고, 풍경과 건물이 하나로 종합되어 자연을 찬미하는 신전이 만들어졌다.

빌라 로툰다는 수려한 자연에 둘러싸인 대지 조건 때문에 형태와 공간이 결정됐다. 다른 곳에서는 불가능한, 그 장소이기에 가능했던 건물이다. 물론 대지가 자연에 둘러싸여 있다고 모든 건물이 정사각형의 대칭으로 설계돼야 하는 것은 아니다. 하지만 팔라디오가 장소가 가진 고유한

- 1570년 팔라디오가 고대 로마 건축과 고전 건축의 원리를 재해석해 출판한 네 권의 책. 르네상스 이후 건축설계 교과서로 자리 잡으면서 팔라디안 양식을 정립하는 계기가 됐다.
- •• 사람을 마중하거나 비바람을 피하기 위해 지붕을 덮어 만든 건물의 현관이나 출입구

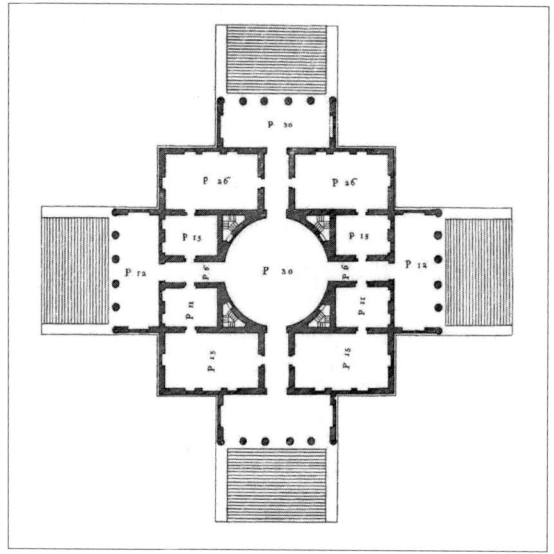

빌라 로툰다 평면

힘으로부터 영감을 받아 이런 예외적인 건물을 지었다는 것은 분명하다. 건물이 뿌리내릴 자리가 건물보다 먼저 존재했고 건축가는 그 장소에 대한 나름의 해석을 바탕으로 건물을 설계했다.

하지만 20세기 초, 근대건축이 꽃피우면서 장소의 의미는 크게 퇴색한다. 코르뷔지에는 젊은 시절 '어머니의 집'을 지으면서 건물을 먼저 설계하고 그 계획 안에 적합한 호숫가 땅을 나중에 찾았다. 모델하우스나 표준주택처럼 대지에 앞서 건물이 먼저 존재했던 것이다. 이는 근대건축이 건축을 비행기나 선박처럼 표준화해 대량생산할 수 있는 일종의 공산품 혹은 하이테크 기계로 의식했던 탓이다. 어머니의 집은 호숫가에 불시착한 우주선과 같다. 근대건축은 토지를 봉건지주 사회의 유산이자 자본주의 생산 방식의 속박으로 터부시했기 때문에 장소로부터의 해방이 사회 해방을 의미하기도 했다. '장소'를 대체하기 위해 근대가 발명한 새로운 건축 언어는 '공간'이었다.

공간의 탄생과 건축의 보편기원설

흔히 건축을 공간 예술이라고 말한다. 건축학과에 입학하면 제일 먼저 '공간'을 배우고 매체에 등장하는 건축가들도 자신의 작업을 설명하며 공간이란 단어를 반복해 사용한다. 건축 비전공자도 쓰임새, 분위기, 면적 등을 설명하기 위해 일상에서 공간이란 단어를 자주 사용한다. 하지만 건축 역사에서 '공간'이란 개념은 19세기 중반 독일에서 처음 언급되기 시작해 양차 대전 이후 영미권에 널리 소개됐다. 공간이 건축의 보편적 주제로 자리 잡은 것은 1950년대에 이르러서이며 이때까지 많은 건축가가 눈에 보이지 않는 공간의 의미를 제대로 의식하지 못했다.

공간의 탄생을 돌아보려면 건축 기원 논쟁이 있었던 19세기 서유럽으로 가야 한다. 당시 서유럽은 폼페이, 헤라클레네움 등과 같은 고대 그리스 로마 문명의 발굴과 고고학 연구에 힘입어 신고전주의 건축이 주류를 이뤘다. 하지만 알프스 이남의 고대 문명을 건축의 원형으로 보는 시각은 알프스 이북의 민족주의 사관과 대립했고, 각국은 신고전주의 양식을 조금씩 변형해 독일식, 프랑스식, 영국식 신고전주의를 각각 발전시켜 나갔다. 그 연장선상에서 건축의 원형을 고대 문명이 아닌 원시 시대까지 거슬러 올라가 인류의 공통 기원으로부터 유추하려는 움직임이 있었다. 이러한 생각은 당대의 언어학·생물학 연구로부터 영향을 받았으며 대표적 사례가 대문호이자 과학자였던 요한 볼프강 폰 괴테의 '원형 식물' 개념이다. 그는 『식물변형론Versuch die

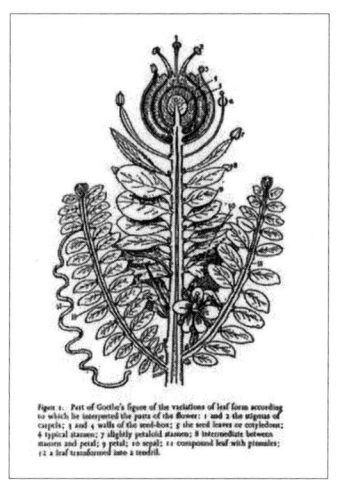

괴테, 원형식물, 1790

Metamorphose der Pflanzen zu Erklären』(1790)에서 린네의 식물 분류법을 발전시켜 모든 식물을 아우르는 태초의 '원형 식물'이 존재했다는 아이디어를 구체화했다. 모든 식물의 조상이 되는 원형 식물은 수많은 식물의 발생과 변이를 설명할 수 있는 하나의 근본 형태다. 언어학에서는 철학자 빌헬름 폰 훔볼트의 영향이 지대했다. 그는 언어가 의사소통을 위한 도구가 아니라 정신을 표현하는 인간의 보편적 행위라고 주장했다. 따라서 언어의 기원을 추적하는 것보다 언어의 내재적 일반 원칙을 연구하는 것이 중요한 문제가 된다.

괴테와 훔볼트의 원형Urform 사상은 건축의 보편기원설을 뒷받침하는 이론적 근거가 됐다. 프랑스 건축학자 콰트르메르 드 퀸시•는 「이집트 건축에 관하여De l'Architecture Égyptienne」(1803)라는 논문에서 건축은 어떤 특정 민족이 발명한 생산품이 아니라 언어처럼 인류의 시작과 함께 자연스럽게 생겨난 보편적 현상이라고 말했다. 1860년 독일 건축가 고트프리트 젬퍼••는 『스타일Der Stil』이라는 책에서 건축의 보편기원설을 정교하게 발전시켜 건축이 재료를 다루는 몇 가지 원형적 기술로 소급될 수 있으며 건축의 형태와 양식은 언어처럼 무한히 발전한다고 주장했다. 이는 고전주의 건축의 배타적 가치를 부정하는 것이었다.

수많은 건축 양식의 모태가 되는 태초의 원형 건축이 있다는 가정은 괴테의 원형 식물과 마찬가지로 과학적·고고학적 근거가 있었던 것은 아니다. 하지만 국민국가의 성립

- Antoine Chrysostome Quatremère de Quincy, 1755~1849. 프랑스의 논쟁적 정치인이자 고고학자, 건축이론가. 칸트와 레싱의 영향을 받아 수많은 미학이론과 저서를 남겼다. 고대 그리스 조각과 건축에서 다색장식이 사용됐음을 밝힌 최초 인물 중 하나다.

- •• Gottfried Semper, 1803~79. 19세기 독일 건축가이자 미술이론가로, 드레스덴 궁정극장 설계와 미학이론으로 유명하다. 실무에서는 신고전주의 건축가였지만 그의 건축 이론과 저서는 근대건축의 선구자들에게 지대한 영향을 미쳤다. 스위스 취리히연방공과대학(ETH) 건축학과의 초대학장이었다. 근대건축가 헨드릭 베를라헤, 브루노 타우트, 칼 모저 등이 이 학교 출신이다.

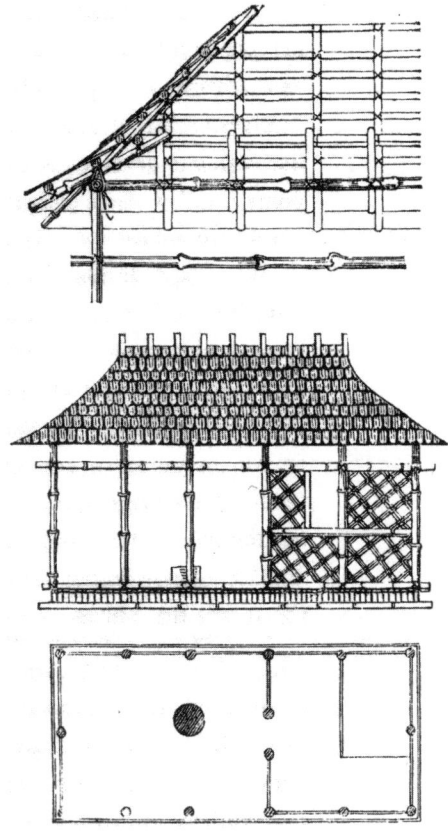

고트프리트 젬퍼, 카리브해 오두막, 『건축의 네 요소』, 1851

과 함께 민족적 정체성을 표현하고 역사적 정통성을 확보하고자 했던 19세기 서유럽 건축가들은 원주민 주거의 몇몇 사례를 참조해 인류가 생활했을 법한 상상 속 '원시 오두막'을 스케치했다. 알프스 이남의 고대 문명보다 오래된 인류 공통의 기원이 있고, 모든 건축 양식이 그 원형으로부터 파생되어 나왔다면 더 이상 찬란했던 고대 문명의 권위에 기대지 않고 독자적인 건축 형태를 개발하는 것이 가능하기 때문이다. 건축가 클로드 페로, 비올레 르 뒤크, 오귀스트 슈아지 등이 원시 주거 형태를 제시했지만 근대 공간론에 가장 큰 영향을 준 사람은 런던 만국박람회에 전시되어 있던 카리브해 오두막을 원시 오두막 모델로 채택한 젬퍼였다. 그의 사상은 1세대 공간미학자인 힐데브란트, 슈마르조, 피셔, 립스 등에게 전해져 독일을 중심으로 공간미학이 꽃피우게 된다.

건축의 비물질화와 장소의 상실

젬퍼는 원시 오두막을 구성하는 건축의 네 요소를 화로, 지붕, 칸막이벽, 바닥으로 정의했다. 이 중에서 가장 중요한 요소는 생활의 기본이 되는 화로이며 나머지 세 가지는 화로를 에워싸는 피복으로서 이차적 성격을 가진다. 칸막이

벽의 재료가 직물이든 벽돌이든 화로를 보호하기 위해 생활세계를 에워싸고 있다는 것이 중요하다. 당시 신고전주의 교육기관이었던 에콜 데 보자르는 기둥, 벽, 아치 등의 물리적 건축 요소를 질서와 위계에 따라 구성하는 것이 건축이라고 가르쳤기 때문에 화로라는 비건축 요소가 건축의 네 요소 중 하나로 등장한 것은 놀라운 일이었다. 고대 로마 건축가 비트루비우스 역시 『건축십서』의 「주택의 기원」에서 불의 발견과 최초의 안식처를 연결해 설명했지만 불을 보호하기 위한 피복을 건축의 본질로 설명한 것은 젬퍼가 처음이다. 고전 오더로 대표되는 규범화된 건축 양식, 지붕을 지지하기 위한 구조 체계, 건축 재료의 특수한 구법 등이 아니라 생활을 영위하기 위한 빈 공간 자체가 건축의 주제로 떠오른 것이다. 젬퍼의 제자 헨드릭 페트루스 베를라허Hendrik Petrus Berlage는 "건축은 공간적 에워싸기의 예술이므로 공간의 구성적 성격을 강조해야 한다. 건물은 외관으로만 판단해서는 안 된다"고 말했는데 그뿐만 아니라 아우구스트 엔델, 아돌프 로스, 오토 바그너, 페터 베렌스 등 20세기를 전후한 많은 건축가가 젬퍼의 피복 이론과 공간론을 수용해 건축을 비물질화했다. 건축은 유체의 흐름과 같은 빈 허공, 입체적인 볼륨을 만드는 일로 환원됐다.

    19세기 독일에서 건축을 비물질화해 순수한 정신의

표현으로 만들고자 했던 데에는 또 다른 이유가 있었다. 칸트에서 헤겔, 쇼펜하우어까지 이어진 독일 관념론은 예술이 물질적 매개를 거치지 않고 인간 정신을 직접적으로 표현할수록 진정한 아름다움에 가까워진다고 생각했다. 이러한 기준에 따르면 시와 음악이 가장 높은 수준의 예술이고 회화, 조각, 건축은 순서대로 하위 예술에 속한다. 따라서 초보적 수준의 상징 예술이자 거대한 물리적 실체였던 건축이 상위 예술로 인정받기 위해서는 건축이 가진 정신적 가치를 증명해야 했다. 젬퍼의 공간론과 텍토닉● 이론은 건축을 일종의 시학으로 만들고자 했던 당대 건축가들의 전폭적인 지지를 받았다.

동시에 생활세계life world와 일상everyday life이란 개념의 등장은 건축에 큰 변화를 가져왔다. 오늘날 일상은 중층적이고 복합적인 의미를 갖고 있지만, 마르크스와 유물론자들은 일상을 자본주의 생산방식의 결과물로 정의했고 일상이 변해야 세계가 혁신될 수 있다고 믿었다. 지체된 사회를 진보시켜야 한다는 근대건축가들의 열망은 생활세계를

● Tectonic, 건축에서 재료, 구조, 공법의 시각적 표현을 통해 미학적 가치를 얻는 것. 젬퍼는 재료를 이용하는 장인의 기술을 야금, 목공, 직조, 토공으로 구분하고 건물의 표면은 건물에 사용된 재료의 특성과 건축 구조를 반영해야 한다고 주장했다. 이는 건축의 존재 근거를 인류학적 유산으로부터 유추하는 관점이다.

검게 그을린 부르더 클라우스 경당 내벽과 어둑한 빛

보호하고 일상의 변화를 가져오는 새로운 공간 구조의 창조로 수렴했다.

하지만 인류학자 마르크 오제Marc Augé가 『비장소Non-Lieux』(1992)에서 지적했듯 구체적 장소의 상실과 추상적 공간의 범람은 현대사회를 소외와 고독으로 몰아갔다. 익명의 유목민으로 가득 찬 국제화된 메트로폴리스는 역사, 공동체, 정체성 대신 이미지, 소비, 속도를 통해 군중을 위한 스펙터클을 생산한다. 관계는 파편화되고 상호작용과 배려는 고갈된다. 대화는 사라지고 독백만 남는다. 근대는 구체제에 대한 저항을 통해 해방을 꿈꿨지만, 한편으로 인간의 고유함을 침해하고 자연을 대상화해 인류를 위험에 빠트렸다. 1970년대 이후 확산된 신자유주의는 이를 가속화했다.

생명을 돌보는 정주의 터

독일 메헤르니히에는 프리츠커상을 수상한 건축가 페터 춤토르Peter Zumthor가 설계한 브루더 클라우스 노지 경당 Bruder Klaus Field Chapel이 있다. 넓게 펼쳐진 밀밭 한가운데 홀로 우뚝 솟아 있는 이 건물은 시골의 한 농부가 15세기 수호성인 브루더 클라우스를 기리기 위해 지은 세 평 남짓한 작은 콘크리트 구조물이지만 2007년 건립 당시 세계 건축계의 주목을 끌었다. 건물을 멀리서 보면 단순한 오각형 탑 같지만 가까이서 보면 오래된 지층의 절단면처럼 표면에 켜켜이 쌓인 층리가 있고, 어머니의 자궁 속 같은 건물 내부는 불에 까맣게 그을린 물결무늬 콘크리트로 감싸여 있기 때문이다. 하늘로 올라갈수록 점점 좁아지는 천장은 로마 판테온의 지붕처럼 뚫려 있어 빛과 바람이 드나들고, 벽에는 작은 유리구슬들이 박혀 영롱하게 빛나고 있다. 흐르는 쇳물이 무심하게 툭툭 떨어진 듯 거칠게 마감한 바닥은 잔잔한 바람에 흔들리는 수면이 동결된 것처럼 보인다. 비 오는 날에는 빗물이 바닥에 고였다가 천천히 마른다. 지붕을 타고 내려오는 어둑한 빛 아래에는 형체를 알아보기 힘든 미완성의 클라우스 흉상과 신도들이 켜놓은 촛불이 전부다. 전기도 조명도 수전도 아무것도 없다.

건축가는 이 건물을 짓기 위해 먼저 주변에서 구한 소나무 줄기 112개를 북미 원주민의 천막 주거처럼 엮어 건물의 뼈대를 만들었다. 뼈대 바깥쪽으로는 거푸집을 대고 하루에 높이 50센티미터씩 24일 동안 지역의 천연재료로 만든 콘크리트를 다져 넣어 벽을 만들었다. 건물 표면의 층리는 이때 생긴 작업의 흔적이다. 콘크리트가 다 마른 후에는 건물 안쪽에 남아 있는 나무 뼈대에 불을 붙여 3주간 천천히 불태웠다. 내벽의 물결무늬는 소나무 줄기를 이어 거푸

집으로 사용했기 때문에 생긴 자연스러운 형태다. 거푸집을 고정하기 위해 설치했던 폼타이● 구멍은 유리 공예 기법으로 막아 그 틈으로 자연광이 스며들도록 했다. 벽면에는 이처럼 만들어진 유리구슬들이 박혀 있다. 바닥에 사용된 쇳물은 4톤 분량의 폐캔을 재활용해 의뢰인이 현장에서 직접 제작한 것이다. 지역의 농부들과 장인들이 힘을 모아 수공예로 직접 경당을 건설했다. 공장 생산되거나 장거리에서 운송된 건축 자재는 거의 사용되지 않았다.

    하이데거의 실존주의 철학에서 영향을 받은 춤토르는 세 평 남짓한 작은 성소를 만들면서 건축의 본질은 공간도 장식도 상징도 아닌 존재 자체라고 말한다. 건물과 풍경이 조화하는 것, 주변에서 쉽게 구할 수 있는 건축 재료의 성질을 이용해 정직하게 구축하는 것, 제작과 짓기에 투입된 시간과 노동의 흔적을 남기는 것, 건축 이외에 아무것도 참조하거나 재현하지 않는 것, 경험을 통해 사물의 존재를 인식하는 것, 그리하여 건물이 자리할 곳에 하늘, 땅, 사람, 영성을 모으는 정주의 터를 만드는 것이 그가 생각하는 건축이다. 이는 1951년 강연 「건축, 거주, 사유Bauen, Wohnen,

---

●   Form Tie. 거푸집 양쪽을 관통해 설치한 기다란 긴결철물로 콘크리트 타설, 양생 후에 제거한다.

Denken」에서 "거주란 죽을 자들이 땅 위에 존재하는 방식이다"라고 말한 하이데거의 사방 개념을 계승한 것이다. 찰나를 살다가는 인간은 땅 위에 존재하는 모든 것들의 고유함을 존중하고 보살피며 더불어 살아갈 때 생존이나 안락함의 문제를 넘어 세계의 일부로 관계할 수 있다.

오늘날 우리가 직면한 기후위기는 인간이 자연을 포함한 타자의 존재를 부정하고 기술, 효율, 편의, 유행, 이윤 등을 추구해온 결과다. 장소의 상실은 관계와 지표의 상실이다. 장소를 상실하고 표류하는 인간은 신적인 것을 잊고 홀로 영원한 현재에 매달린다. 그들은 크고 작은 게토를 만들며 자원을 계속 소모한다. 반면 정주는 주변을 돌보고 타자와 상호 관계하며 삶의 진정한 의미에 대해 사유하는 것이다. 사유와 성찰을 통해 장소의 본질적 의미를 회복할 때 인간은 비로소 '거주'할 수 있다.

오래된 정원, 숲

무위의 풍경

담양에는 조선 최고의 원림園林이라는 소쇄원이 있다. '집터에 딸린 숲'을 뜻하는 원림은 집 안에 인공적으로 조성한 정원과 달리 자연 지형과 식생 그대로를 존중하며 건물을 앉힌 교외 조경 양식이다. 한중일의 양식을 보면 한국은 중국의 영향으로 원림이 발달했고 일본은 정원이 발달했다. 하지만 중국의 원림은 평평한 중원에 조성돼 석산을 쌓거나 인공 수로를 만든 반면 한국은 나지막한 구릉과 계곡이 많아 자연 지물을 적절히 활용해 공간을 조성했다. 그래서 우리나라의 원림은 생활에 필요한 최소한의 건물이 자연 속에 있는 듯 없는 듯 묻혀 있는 형상이다.

    소쇄원은 창덕궁 후원과 함께 우리나라를 대표하는 전통 조경 사례로 건축학도들의 필수 답사지다. 나 역시 대학

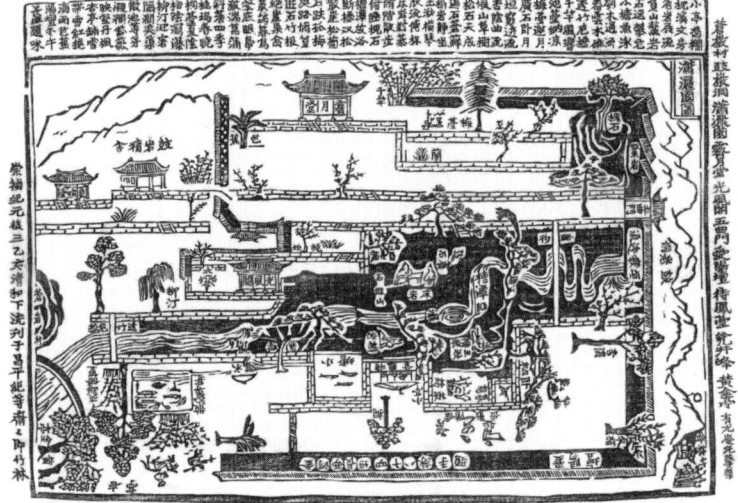

원림의 구성을 보여주는 소쇄원도, 1755

시절 동학들과 함께 처음 이곳을 방문했다. 옥외 주차장에 차를 세우고 좁은 대나무 숲을 따라 걸으면 암반이 드러난 계곡이 보이는데 그 길을 계속 따라가면 소쇄원의 중심 공간인 '광풍각'이 나온다. 광풍각은 계곡 가까이 붙은 작은 정자로 소쇄원에서 손님을 맞이하는 사랑방 역할을 하는 곳이다. 광풍각 뒤쪽으로는 단차를 두고 주인이 거처했던 제월당이 있다.

나는 소쇄원의 전통 미학을 예찬하는 문헌을 수없이 봐와서 직접 가서 보고 배워야 한다는 의무감이 있었다. 서울에서 담양까지 가는 네 시간 중 반은 기대감으로 채웠고 나머지 반은 의무감으로 버텼다. 하지만 소쇄원을 방문하고 서울로 돌아오는 길은 끝이 보이지 않는 망연의 시간이었다. 소쇄원은 논리와 이성으로는 이해하기 힘든 시적 공간이었기 때문이다. 당대 내로라하는 시인 묵객이 드나들며 수대에 걸쳐 가꿔진 오래된 정원은 어디까지 의도를 갖고 만들었는지 분간할 수 없을 정도로 모든 것이 모호했다. 조형의 원리, 구성의 질서가 눈에 들어오지 않아 임기응변으로 현장에서 짜 맞춘 공간 같았다. 아담한 건물과 중간에 끊어진 돌담, 불규칙한 계단과 외나무다리, 나무, 바위, 흙이 서로 침범해 있는 바닥, 보물찾기처럼 숨겨진 식재는 정교한 도안이나 기교 없이 무심히 자연 속에 던져져 있었다. 정말 이곳이 우리나라 최고의 정원이란 말인가? 20대의 의지 충만하고 욕심 많은 건축학도는 소쇄원을 온전히 걷지 못하고 뒷걸음질 쳤다.

　소쇄원을 두고 흔히 자연과 건축이 하나 된 물아일체의 결과물이라고 말한다. 서양이 인간과 자연을 주체와 객체로 나누고 자연을 대상화했다면 동양의 전통 사상은 인간과 인간이 만든 사물까지 순환하는 자연의 일부로 보았다. 모든 존재는 순환하고 변하기에 불완전하다. 자연의 아름다움은 불변의 객관이 아니라 생멸하는 시간의 흐름 속에서 그 모습을 서서히 드러내므로 형상은 항상 순간에 머문다. 우리가 어떤 정경이나 상황을 묘사할 때 사용하는 단어, '풍경風景'에도 이러한 생각이 반영되어 있다. 풍경은 바람 '풍'과 볕 '경'자를 쓴다. 연속적으로 변하는 바람과 햇빛이 드러낸 사물의 정체는 오감으로만 체험할 수 있는 통감각이자 순간의 인상, 분위기를 환기시킨다. 따라서 풍경은 다시 반복될 수 없는 차이를 말한다. 일기일회一期一會, 모든 만남은 평생에 한번뿐이다. 하지만 서양은 자연을 '경관景觀'으로 본다. 16~17세기 네덜란드 풍경화에서 유래한 경관 landscape은 눈앞에 펼쳐진 한정된 범위의 시각적 대상을 과학적, 정량적으로 기술하기 위해 도입된 개념이다. 풍경이 시간에 따라 변하는 찰나의 감각이라면 경관은 정지된 정물화와 같다.

20대의 나는 소쇄원에서 풍경을 봐야 했지만 경관을 찾고 있었기에 좌절했다. 무위無爲가 아닌 인위人爲를 갈구했기에 길을 잃었다. 나라는 존재를 잠시 내려놓고 우주의 일부가 되라는 선조들의 정신과 지혜를 머리로는 이해했지만 마음에 담지는 못했다. 이성과 합리성으로 무장한 근대인이 기교 없이 작고 투박한 것, 바람과 물에 풍화돼 속살을 드러낸 약한 사물, 세월의 흔적과 기억이 담긴 소박한 기물, 순간순간 사라지고 있는 모든 것을 애정 어린 시선으로 바라보기까지는 오랜 시간이 걸렸다.

관계성의 회복

서구에서 보는 건축의 기원은 나무를 엮어 지은 '원시적 오두막'이다. 고대 로마 시대 건축가 비트루비우스가 태초에 인간이 나무를 잘라 집을 짓기 시작했다고 주장한 이래 근대건축에 큰 영향을 준 베네딕토회 수도사 로지에, 건축가 젬퍼 등도 건축의 기원을 '원시적 오두막'으로 보았다. 그들은 숲이 아니라 나무라는 개체에 주목했다. 태초에 인간은 생존을 위해 불이 필요했고 화로를 보호하기 위해 지붕을 만들었다. 지붕의 어원, '덮인 것'을 뜻하는 라틴어 'tectum'

마크 로지에, 원시적 오두막, 1755

에서 '보호하다'라는 의미의 라틴어 'tegere'가 파생된 것도 이러한 사실을 말해준다. 지붕을 지지하기 위한 원시적 구조물이 나무 기둥이다. 인간은 다양한 개체가 모여 하나의 생태를 이루고 있는 숲에서 나무를 떼어내 집을 지었다. 나무를 인간을 위한 구축의 수단으로 사용한 것이다. 나무는 관계를 초월한 보편과 질서로 환원됐고 수직으로 바로 선 기둥은 지구 중력에 저항하는 힘, 인간의 의지와 욕망을 상징했다. 원시적 오두막은 경험보다 관념을 중시하는 합리주의 건축의 기초가 됐다.

기원에 대한 논쟁과 별개로 건축은 오랜 세월 자연, 구체적으로는 나무를 모방하려 했다. 고대 그리스의 코린트식 기둥은 아칸서스 잎 모양을 흉내 냈고 중세 고딕 성당의 다발 기둥•과 아치형 천장은 나무의 구조적 형태를 모방했다. 18세기 낭만주의 시대에는 고대 문명의 폐허나 야생의 숲을 재현한 픽처레스크 정원이 여흥의 대상이었다. 아르누보 양식 역시 식물의 유기적 형태를 모방했다. 하지만 이들에게 인간과 자연은 하나가 아니었다. 자연은 신의 피조

• Clustered Pier, 여러 개의 작은 기둥을 다발로 모아 큰 기둥을 만든 것. 지붕의 하중을 여러 곳으로 분산시켜 더 높고 넓은 대공간을 만들 수 있다. 다발 기둥이 하중을 지지하면서 벽에 큰 창문을 내 실내 공간을 밝은 빛으로 채울 수 있었다. 고딕 성당의 수직성과 빛은 신을 상징했다.

물에 불과했고 인간은 항상 자연 위에 군림했다. 20세기 초 근대건축 역시 마찬가지다. 근대건축의 선구자들이 생각한 자연은 인간의 건강과 행복을 위해 봉사할 때만 가치 있었다. 세균을 박멸하는 자연광과 기관지염을 예방하는 신선한 공기, 안전을 확보하는 개방된 시야와 심리적 안정감을 주는 회화적 풍경이 무엇보다 중요했다. 집은 '살기 위한 기계'였고 자연은 기계를 구성하는 부품 중 하나다.

1960년대 일본 건축을 풍미했던 메타볼리즘metabolism은 근대건축이 야기한 현대 도시 문제를 자연의 유기성을 통해 해결하고자 했던 건축 운동이었다. 근대건축이 도시를 정형의 질서로 읽었다면 메타볼리즘은 살아 있는 생물의 신진대사처럼 변화하고 적응하는 과정으로 보았다. 하지만 이 역시 기계적이고 분석적인 방법론에 그치고 말았다. 유기적으로 '기능'하는 자연의 일면만 참고했기 때문이다. 방점은 관계가 아니라 기능에 찍혀 있었다. 건물을 일종의 소모품으로 보고 수명이 다한 부품을 상황에 맞게 계속 교체하며 건물이 생물처럼 성장해간다는 생각은 에너지 비용이 저렴하고 지구 자원이 무한하다고 믿었던 전후 경제 호황기에 대량생산, 대량소비를 전제했다. 하지만 1970년대 불어닥친 오일쇼크와 에너지 위기는 이러한 기술적 낙관을 하루아침에 증발시켰고 메타볼리즘은 역사의 뒤편으

구로카와 기쇼, 메타볼리즘 건축의 아이콘인
나가긴 캡슐타워, 도쿄, 1972

로 사라졌다.

자연은 찬미의 대상이지만 동시에 두려움의 대상이기도 하다. 두려움은 인간의 한계를 초월하는 거대한 힘과 예측 불가능성에서 기인한다. 인류는 생존과 번영을 위해 예측 불가능한 것을 예측 가능한 것으로 바꿔야만 했다. 무질서해 보이는 자연에 질서를 부여하고 그 질서에 따라 자연을 통제했다. 신이 인간에게 주신 지성을 통해 세계를 한눈에 조망할 수 있다고 본 것이다. 인간은 세계의 중심이고 자연은 주변이다.

하지만 숲이 우리에게 주는 교훈은 인간을 포함한 모든 존재가 주변에 불과하다는 사실이다. 숲에는 중심도 경계도 없다. 전체를 아우르는 질서가 아니라 인접한 장소들의 연쇄적인 작용만이 있을 뿐이다. 전체를 조망하는 광학적 시선 대신 거리가 축소된 친밀한 관계가 있다. 숲에서 전체는 부분의 합이 아니다. 전체가 부분이고 부분이 전체다. 이러한 생각을 네덜란드 건축가 알도 반 아이크•는 "나무는 잎이고 잎은 나무다. 집은 도시고 도시는 집이다"라고 표현

- Aldo Van Eyck, 1918~99. 구조주의 건축 운동의 선구자이며, 근대건축국제회의(CIAM)의 뒤를 이은 팀텐의 공동창립자였다. 모더니즘의 편협한 기능주의를 비판하고 인본적 건축을 추구했다. 암스테르담 고아원, 파스토르 반 아르스 교회, 크뢸러 뮐러 미술관 파빌리온 등을 설계했고 다수의 어린이 놀이터를 계획했다.

하기도 했다. 혹자는 도심 건물의 옥상을 녹화하고 에너지 효율 높은 설비를 사용하는 것이 친환경 건축이라고 말한다. 기술적 측면에서는 그렇다. 하지만 인간과 인간이 만든 인공물 전부를 순환하는 자연의 일부로 본다면 이야기가 달라진다. 만약 건물이 필요에 따라 짓고 허무는 인공의 무기물이 아니라 고유한 생애주기를 가진 유기체라면, 건물은 나쁘고 자연은 좋은 것이 아니라 건물과 자연의 관계가 보다 중요해진다. 우리 도시를 자세히 들여다보면 도로 같은 거대 인프라에서 입간판 같은 소품에 이르기까지 도시를 구성하는 수많은 물리 요소들이 사람과 사람, 사람과 사물, 사람과 자연의 관계를 표상하고 있다. 이 관계를 통제하면 기능이 되지만, 조율하면 생태가 된다. 생태는 관계성의 회복을 전제한다.

형태에서 생태로

코르뷔지에는 젊은 시절, 장식은 시공 상의 결함이나 하자를 감추기 위한 가면에 지나지 않는다고 주장하며 건물의 내외부를 모두 평활한 하얀색 회벽으로 마감했다. 다양한 재료를 조합해 사용하면 재료와 재료 사이의 이음매에서 하자가 발생하기 쉽지만 단일 재료로 면을 마감하면 하자

르 코르뷔지에, 브리즈 솔레이유, 방직공업자협회, 인도, 1954

가능성을 낮출 수 있을 뿐만 아니라 순수한 기하학적 형태를 강조할 수 있다. 이러한 태도는 결백을 주장하는 성자 혹은 동굴에서 빠져나와 빛을 마주한 죄수●와 같았다. 하지만 세월이 흘러 그에게도 변화가 생긴다. 유럽을 벗어나 알제리, 튀니지, 인도 등에서 프로젝트를 진행하면서 모든 지역에 동일하게 적용 가능한 건축적 해법은 없다는 사실을 깨달았기 때문이다.

초기 작품에서 그는 매끈한 하얀색 입방체에 가로로 긴 창을 설계했다. 하지만 저위도 지역에서 이러한 구성은 자연광이 실내를 지나치게 가열했고 비바람에 직접 노출된 창은 하자의 원인이 됐다. 현지 기술력으로 건물의 커다란 단일 면을 매끈하게 시공하는 것도 불가능했다. 지역의 기후, 풍토, 문화뿐만 아니라 열악한 시공 능력, 자재 수급 등과 같은 현실적 문제들이 그를 괴롭혔다. 이때 고안한 장치가 깊은 차양으로 미시기후를 조절하는 브리즈 솔레이유 brise-soleil다. 그는 창 앞에 작은 창고 크기의 에워싸인 차양

● 플라톤의 '동굴 우화'에서 동굴에 갇혀 벽만 바라보는 죄수들은 벽에 비친 그림자를 진짜라고 믿는다. 어느 날 동굴을 빠져나온 한 죄수가 동굴 밖 세상을 본 후 돌아와 진실을 알리지만 죄수들은 그가 미쳤다고 생각한다. 동굴 밖은 영원한 진리를 상징하는 이데아, 동굴은 우리가 살고 있는 현실세계, 동굴을 빠져나온 죄수는 진리를 탐구하는 철학자를 뜻한다.

을 만들고 계절에 따른 태양 입사각을 고려해 차양의 각도를 조절했다. 브리즈 솔레이유는 일사량을 조절하는 동시에 자연 환기를 원활하게 하고 발코니나 식재 공간으로 사용되기도 했다. 건물 입면에 차양으로 인한 요철이 생기면서 거친 마감 상태가 자연스럽게 가려졌고 구성적 아름다움도 표현할 수 있었다. 관계를 조율함으로써 제약 조건을 가능성으로 바꾼 것이다. 브리즈 솔레이유는 현대건축에서 자동화 기술과 결합해 다양하게 변주하며 발전을 거듭하고 있다.

기계 미학과 그리스 고전에 심취했던 그가 관계와 생태를 건축의 주제로 삼은 것은 아니다. 하지만 이러한 변화는 시대를 관통하는 하나의 정신이 전체를 대표한다는 시대정신Zeitgeist에 대한 의구심에서 비롯했다. 많은 사람을 만나고 지구촌을 여행하며 얻은 삶의 경험이 시야를 넓혀 준 것이다.● 그가 위대한 건축가로 역사에 남을 수 있었던

● 코르뷔지에는 스무 살 때 두 달 반 동안 이탈리아를 여행하며 고전건축을 답사했고 스물네 살 때 친구인 오귀스트 클립스탱과 튀르키예를 거쳐 그리스까지 동방여행을 했다. 이 여행 기록은 『르 코르뷔지에의 동방여행』이라는 책으로 출간됐다. 하지만 그의 건축관이 크게 변화하기 시작한 건 1930년대, 40대에 접어들어 지중해 일대를 빈번하게 여행하면서부터다. 그는 자연에 순응하는 투박하고 단순한 지중해의 농가 건축에서 서구 문명이 잃어버린 인류의 근원적 가치를 발견했다. 풍부한 조형과 재료가 사용된 그의 후기 작품에서는 원시적 생명력과 경외감이 느껴진다.

것은 형태의 완전성이나 기술적 성취 때문이 아니라 이렇게 시대를 앞서 보는 통찰력 덕분이었다. 그가 지금 살아 있다면 어떤 건축을 했을까?

2장

새로운 삶의 방식

기술인가 태도인가

예술에서 사회로의 전환

건축계 노벨상으로 불리는 프리츠커상의 2021년도 수상자로 프랑스 건축가 안느 라카통Anne Lacaton과 장-필리프 바살Jean-Philippe Vassal이 선정됐다. 이들은 도시재생, 특히 대규모 사회주택 리노베이션 프로젝트에서 두각을 나타냈다. 노후 판상형 아파트를 수평 증축해 발코니를 추가 확보하고 커다란 창을 새로 만들어 채광과 조망을 개선하는 식이다. 도심 재개발, 재건축처럼 건물을 헐고 다시 짓는 것이 아니라 최소한의 비용과 개입을 통해 기능과 환경을 재구성하는 것이다. 입주민은 공사 기간에도 이주 없이 계속 집에 거주하며 일상을 유지하고, 지역사회 역시 연속성을 가질 수 있다. 건물 신축에 소요되는 자원과 에너지를 절약할 수 있을 뿐만 아니라 기존 건물을 철거하며 나오는 산업 폐

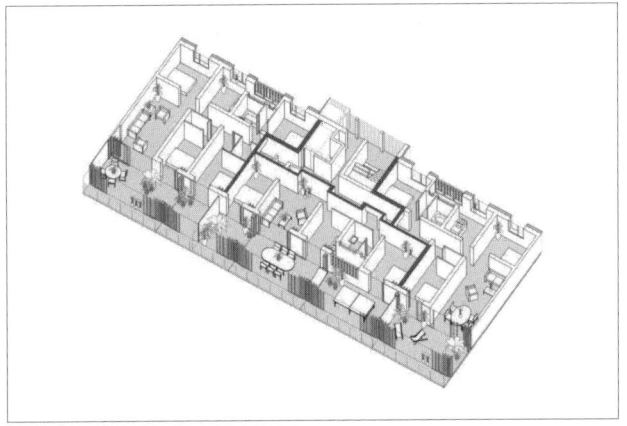

안느 라카통과 장-필리프 바살, 사회주택 리노베이션 프로젝트.
발코니를 수평 증축해 전용 면적을
추가 확보하고 온실 등으로 활용한 예, 보르도, 2017

기물도 줄일 수 있으니 환경적으로도 유익하다.

　　최근 몇 년 사이 프리츠커상을 주관하는 미국의 하얏트 재단은 사회참여적 건축 프로젝트에 지대한 관심을 보여왔다. 2014년 수상자 반 시게루坂茂는 자연재해 현장에 재활용 종이 섬유와 플라스틱 합성물 등을 이용한 저비용 임시주거를 공급해 공로를 인정받았고, 2016년 수상자 알레한드로 아라베나Alejandro Aravena와 2018년 수상자 발크리슈나 도시Balkrishna Doshi는 저소득층을 위한 사회주택 프로젝트에서 성숙한 인류애와 탁월한 현실감각을 보여줬다. 이들은 지역의 특수성, 즉 사회, 경제, 문화, 환경적 조건으로부터 건축적 가능성을 발견하고 제한된 예산과 자원을 최대한 활용해 새로운 삶의 조건을 만들었다는 공통점이 있다.

　　이러한 최근의 흐름은 과거 하얏트 재단의 보수적 성향을 생각하면 이례적이다. 1979년 프리츠커상 최초 수상자는 뉴욕현대미술관MOMA 큐레이터 출신 건축가이자 미국 엘리트 사교계의 거물이었던 필립 존슨Philip Johnson이었고 이후 수상자들 역시 건축 분야에서 뛰어난 예술적 성취를 보여준 국제적 명성의 스타 건축가였기 때문이다. 프리츠커상의 변신, '예술'에서 '사회'로의 전환은 자연과 공동체를 보호하고 조화로운 삶을 추구해야 한다는 일종의 당위적 '도덕'이 급박한 '생존'의 문제로 받아들여졌다는 측면에서 우리에게 시사하는 바가 크다.

자연과 환경에 대한 관심이 최근의 일은 아니다. 급격한 산업화와 환경오염으로 몸살을 앓았던 19세기 빅토리아 시대에도 중세의 때 묻지 않은 자연을 그리워했던 '고딕부흥운동Gothic Revival'이 있었다. 그림처럼 펼쳐진 광활한 정원과 중세 수도원의 폐허를 재현한 낭만적 조형물이 이 시대를 대표하는 상징이다. 하지만 고딕부흥운동은 현대적 의미의 환경운동이나 생태윤리와는 다른 조형 예술의 일종이었다. 자연의 다채로운 모습을 모티브로 한 공예품과 장식 건축은 자연 그 자체가 아니라 차가운 기계문명에 맞서 싸우는 실존적 인간을 암시한다. 인간이 주인공이고 자연은 배경이다.

도시계획의 생태주의

환경운동 역시 다양한 조류와 입장이 복잡하게 얽혀 있지만 크게 보면 환경 문제를 기술과 정책으로 해결 가능하다고 보는 '환경주의'와 사회구조의 근본적 개혁을 요구하는 '생태주의'●로 나눌 수 있다. 교통을 예로 들면, 전통적 환경주의자는 연비 높은 자동차를 개발하고 친환경 에너지 기술을 확보하면 우리의 일상을 크게 바꾸지 않는 선에서 자연과 조화로운 삶을 이어갈 수 있으리라 기대한다. 전기자동차 테슬라를 만든 괴짜 사업가 일론 머스크를 떠올리게 하는 '20세기의 레오나르도 다빈치' 벅민스터 풀러R. Buckminster Fuller는 1969년 출간된 『우주선 지구호 사용설명서Operating Manual for Spaceship Earth』에서 지구가 가진 물리적 에너지는 '에너지 보존 법칙'에 의해 줄어들 수 없고, 인류의 기술과 지식은 계속 늘어나므로 인류가 가진 부富의 총량은 무한대로 증식한다고 주장했다. 전문분야를 가로지르는 융복합적 사고와 창조적 지성을 활용해 자원을 효율적으로 사용하고 기술을 고도화하면 인간이 지구라는 우주선의 선장이 되어 지속 가능한 삶을 누릴 수 있다는 것이다.

그는 1933년 공기역학, 경량화, 무게배분 등을 이용해 연료 소모를 줄인 '다이맥션 자동차Dymaxion car'를 개발했고 공장에서 대량생산 가능한 조립식 주택의 일종인 '다이맥션 주택'을 선보였다. 이동이 쉽고, 튼튼하고, 저비용에,

- 생태주의는 기존 사회질서와 시장경제의 틀을 유지하려는 온건한 환경주의와 달리 사상적 스펙트럼이 넓고 다양해 계파별로 환경문제를 바라보는 시각과 실천적 방법론이 크게 다르다. 대표적으로 사회적 생태주의, 심층 생태주의, 에코페미니즘, 라이프 스타일 생태주의, 생태마르크스주의 등이 있다. 이들은 사안별로 상호 견제하거나 연대하며 환경운동을 이끌고 있다.

빠르게 조립할 수 있는 미래형 건물이었다. 그의 개발품은 대부분 상업화되지 못했지만 인간의 탁월한 지성과 미래 기술이 지구호에 승선한 우리를 구원하리라는 낙관을 보여준다.

반면 생태주의자는 경우에 따라 차량 이용을 제한하고 걷기 편한 도시환경을 만들어 교통량 자체를 감소시키지 않는 한 환경문제 해결은 어렵다고 말한다. 교통량을 획기적으로 줄이기 위해서는 직장과 주거를 가까이 모으고, 도심을 복합용도지역으로 고밀 압축 개발해 콤팩트 시티 Compact City로 만들어야 한다. 자전거와 개인형 이동장치, 공유차량만 사용하는 주차장 없는 도심 사회주택을 대량 공급하거나 소규모 분산형 생태공동체를 만드는 것도 가능하다.

하지만 이런 방식은 우리 삶의 조건을 근본적으로 재설계해야 하는 거대한 전환이다. 인구가 증가하는 고도성장기에는 업무, 상업, 문화시설 등이 집중된 도심과 외곽의 베드타운이라는 이원화된 도시 구조가 유효했다. 정부는 도로, 철도, 신규택지 등의 대규모 인프라 투자로 고용을 창출했고 시민들은 장거리 통근에도 불구하고 교통비를 감당할 만한 소득과 경제력이 뒷받침됐다. 도심에서는 상상할 수 없는 드넓은 녹지에서 아이들과 뛰어놀고, 생활에 필요한 공공 및 근린시설이 도보권에 모두 갖춰진 신도시 근린주구*가 풍요롭고 안정적인 삶을 약속했던 것이다. 에너지를 많이 소비하는 방식이지만 주유소 기름값은 항상 친절했고 환경비용은 아직 고지서가 날아오지 않았다.

하지만 1인 가구와 고령자가 늘어나고 경제력이 감소하는 저성장 시대에 잊고 있던 고지서가 하나둘 송달되자 사람들의 생각도 변하기 시작했다. 지금 당장 삶의 조건을 바꾸지 않으면 마음 편히 숨 쉴 단 하루치의 공기도 없다는 위기의식을 느낀 이들이 먼저 행동에 나선 것이다. 지우고 다시 쓰는 도심 재개발, 재건축 대신 지역을 돌보고 다시 회복시키는 도시재생이 사회적 이슈가 된 이유다. 정부는 제4차 국토종합계획 수정계획(2011~20)을 통해 신도시 개발

- 1920년대 미국의 클래런스 페리(Clarence Perry)는 사회적으로 균형 잡힌 자족적 커뮤니티 형성을 목표로 주거 단위 개념을 구상했다. 그는 초등학생이 외곽에서 중심까지 도보로 5분 이내에 이동할 수 있는 반경 약 4백 미터 규모의 도시 블록을 기준으로 공간을 설계했다. 블록의 중심에는 초등학교, 교회, 공공시설 등을 배치하고 외곽에는 상업시설을 두어 기능에 따라 구획을 명확하게 나눴다. 간선도로와 통과도로는 블록 내부를 관통하지 않도록 설계해 차량과 보행자의 동선을 분리하고, 보행자 친화적인 가로망을 조성했다. 또한 전체 주거지 면적의 10퍼센트를 공원, 놀이터, 광장 등 여가 및 커뮤니티 형성을 위한 공공 공간으로 확보했다. 이 개념은 1928년 미국 뉴저지주 래드번 뉴타운 개발에 처음 적용되었으며, 이후 미국과 유럽을 넘어 개발도상국의 도시 개발 모델로 확산되었다. 페리의 근린주구와 하워드의 전원도시 이론이 결합해 발전한 것이 도심 외곽 전원 지역의 신도시 계획이다.

을 폐기하고 콤팩트 시티와 도시재생으로 도시계획 전략을 수정했지만 가시적 성과를 얻지는 못했다. 정책 입안자와 이해 당사자들의 복잡하게 얽힌 역학관계 때문이다. 최근 발표된 3기 신도시 개발계획은 아직 갈 길이 멀다는 방증이다.

지속 가능한 개발과 기술의 한계

앞서 소개한 프리츠커상 수상자 중 환경에 대한 기여를 크게 인정받은 최초 사례는 1999년 수상자 노먼 포스터 Norman Foster다. 런던 시청사, 거킨 빌딩The Gherkin, 허스트 타워Hearst tower 등으로 유명한 그는 다양한 규모와 성격의 프로젝트에서 완성도 높은 조형과 하이테크 기술을 이용해 에너지 소모량을 최소화하고 탄소 배출을 억제하며 자원을 재활용했다. 고성능 단열재와 고성능 유리의 사용, 자연채광 및 자연환기, 에너지 시뮬레이션을 이용한 설비 효율 최적화, 신재생 에너지 도입 등 2000년대까지 건축계의 관심은 친환경 건축 기술 개발에 집중되어 있었다. 이러한 기술을 정량적으로 평가하기 위해 정부는 친환경 건축물 인증제도를 만들어 인센티브를 주고 기업 홍보에 활용하도록 유도했다. 친환경 인증제도는 기업 이미지를 개선할 뿐

노먼 포스터, 친환경 건축 기술이 적용된 거킨 빌딩, 런던, 2004

벅민스터 풀러의 다이맥션 자동차를
재설계한 노먼 포스터, 2011

만 아니라 건물의 부동산 가치를 높여줬다. 애플처럼 환경에 대한 사회적 책임을 중요한 가치로 여기는 다국적 기업들이 그에게 사옥 설계를 의뢰한 것은 당연한 일이다.

포스터는 1987년 '환경과 개발에 관한 세계 위원회 WCED'가 공식화한 '지속 가능한 개발', 즉 기술이 개발을 지속케 한다는 개념을 상징하는 인물이다. 그는 풀러의 후계자이기도 하다. 두 사람은 풀러가 죽기 전 12년 동안 협업하며 영감을 주고받았다. 훗날 포스터는 자신의 건축철학과 기술에 대한 믿음이 풀러의 가르침이라고 회고했다. 2011년, 그는 다이맥션 자동차를 재설계해 직접 운전하고 전시했다.

하지만 지금 우리가 직면한 기후위기, 환경오염, 양극화 등은 '지속 가능한 개발'에 의구심을 품게 한다. 다빈치 같은 혁신적 발명가와 그들의 지식 자원이 지구환경에 기여한 바는 높이 살 만하지만, 여전히 최빈국에서 인구증가는 식량 생산을 초과하고 오염은 정화를 압도한다. 수자원은 고갈되고 해수는 산성화되고 사막화와 미세먼지는 우리 아이들을 위협한다. 매년 친환경 인증 건축물이 쏟아져 나오지만 상황은 조금도 나아지지 않았다.

소로는 생태주의 철학이 담겨 있는 수상록 『월든 Walden』(1854)에서 자연이 감상이나 착취의 대상이 아니라 인간의 삶을 가능케 하는 터전이자 고유한 생명을 가진 생명체라고 말한다. 그는 한때 월든 호숫가에 작은 오두막을 짓고 자급자족하며 자연이 주는 경이와 너그러움을 찬미했다. 불필요한 군더더기를 버리고 삶의 긴요한 문제에 몰두하는 것, 지성의 한계를 자각하고 겸허한 영성으로 자연을 마주하는 것, 소박한 삶에서 풍요로운 순간을 발견하는 것이 진정한 자유라고 생각했기 때문이다. 하지만 시대를 앞서간 그의 문장과 사상은 당대 사람들에게 크게 인정받지 못했고 그는 생계를 위해 측량사로 일해야 했다. 『월든』은 1854년 출간됐지만 저자 사후 70년이 지난 1930년대에 이르러서야 널리 읽히기 시작했다. 지금 삶의 태도를 바꾸지 않으면 우리가 사랑하는 모든 것을 잃을 수도 있다는 소수의 목소리도 이와 같다. 임박한 위기를 감지했다면 주저 없이 말하고 행동해야 한다.

검약의 두 가지 얼굴

원석原石**과 상아**

20여 년 전, 학부 건축재료 수업의 현장조사 과제 때문에 처음 채석장에 갔다. 경기도 포천 오지에 위치한 채석장은 어린 시절 도로에서 스쳐 지나가며 봤던 불 꺼진 폐광의 암반 절벽과는 전혀 달랐다. 그곳은 거대한 중장비들이 드라이아이스 같은 먼지 구름을 일으키며 한여름 따가운 햇볕에 달궈진 석산을 케이크 조각처럼 우아하게 잘라내는 산업화 시대의 공연장이었다. 채석장에서 재단된 원석은 인근 공장으로 옮겨져 건축자재로 가공되는데 사람 키보다 큰 원석을 가르는 고압의 물줄기를 직접 보니 기계의 힘과 기계를 만든 인간의 지성이 마법처럼 신비롭게 느껴졌다. 수만 년, 어쩌면 수억 년 전 땅속 깊은 곳에서 굳어 만들어진 단단한 돌덩어리가 단 몇 초 만에 종이처럼 얇은 판재로 변신하는 과정은 연속하는 자연의 흐름 속에서 천천히 노화하는 인간이 직관적으로 이해하기 힘든 균열이었다.

2000년대 들어 기계들의 공연은 대부분 막을 내렸다. 전후 반세기 동안 전국에 화강석을 공급했던 주요 채석장들이 고갈되면서 양질의 석재를 얻기 힘들어졌고 산지 훼손, 비산먼지 발생 등의 환경문제로 규제가 늘면서 채산성이 악화됐기 때문이다. 지금은 국내산 석재를 구하기 힘들어 대부분 중국이나 동남아 등에서 수입해 사용한다. 그런데 건축에 필요한 자재를 해외에서 수입하면 물류로 인해 탄소가 배출되고 환경오염을 저개발 국가에 전가한다는 윤리적 문제가 있다. 그래서 '현지 생산된 건축 자재의 사용'이 건축물의 친환경성을 평가하는 주요 지표 중 하나다. 하지만 석재뿐만 아니라 수많은 건축 자재가 여전히 전 세계적으로 거래되고 있고 무역량은 계속 증가하고 있다. 건축만의 일이 아니다. 네덜란드 경제정책분석국CPB의 「세계무역모니터」에 따르면 세계 무역량은 2000년 대비 약 두 배 증가했다. 서비스를 제외한 순수 상품 무역만을 평가한 수치다. 세계는 20년 전과 비교할 수 없을 만큼 촘촘한 유통망으로 연결되어 있다. 막대한 탄소배출도 문제지만 장 지글러Jean Ziegler가 『왜 세계의 절반은 굶주리는가?La faim dans le monde expliquée à mon fils』(1999)에서 지적했듯이 신자유주의 경제질서와 불공정 무역은 양극화를 가중하고 빈곤을 구조화한다. 선진국은 저임금 장시간 노동, 아동 착취, 환경오염, 자원고갈 등에도 불구하고 저개발 국가의 생계를 담보 잡아 성장을 지속해왔다. 수출 산업으로 성장한 우리나라는 중국, 베트남, 칠레 등과 더불어 신자유주의 경제의 혜택을 가장 크게 본 개발도상국 중 하나지만 그로 인한 부작용 역시 막대했다.

우려스러운 부분은 인류가 멸망할 때까지 무한히 샘솟을 것만 같던 광활한 천연자원의 보고도 바닥을 드러내고 있다는 사실이다. 연구마다 다르지만 석유와 천연가스는 이르면 2060년 전후, 늦어도 이번 세기 안에 완전 고갈된다.• 세계에서 손꼽히는 자원부국 카타르도 2008년부터 자원고갈에 대비해 경제구조를 개편하고 있다. 불과 20년 전에는 상상도 못 했던 고갈에 대한 불안이 커지고 있는 것이다. 우리나라는 에너지의 97퍼센트, 광물자원의 90퍼센트

• 석유고갈보다 석유생산량이 최대치에 도달했다가 감소하기 시작하는 '석유정점' 개념이 일반적으로 사용된다. 석유정점과 고갈 시기에 대해서는 논란의 여지가 크지만, 석유시대가 앞으로 수백 년간 계속되리란 낙관이 에너지 전환을 지연시키는 핑계가 되어서는 안 된다. 환경운동가들이 화석연료에 반대하는 이유는 자원고갈과 기후위기뿐만 아니라 복잡한 고에너지 기술이 전문화, 관료화, 비민주적 의사결정 등을 초래하기 때문이다. 후쿠시마 원전사고 당시 도쿄전력이 보인 무책임한 태도와 무능이 대표적인 예다.

이상을 수입하는 자원빈국이기에 영향이 클 수밖에 없다. 머지않아 건축에서 양질의 원석은 상아처럼 희소한 자원이 될 것이다. 유엔 국제자원패널 보고서에 따르면 2010년 세계자원생산량은 1970년 대비 세 배 증가했다. 철광석, 구리, 니켈 등의 채굴 속도는 세계 GDP 증대보다 빠른 속도로 증가하고 있다. 인구가 늘어난 탓도 있지만 선진국을 중심으로 자원에 대한 수요가 급증한 것이다. 글로벌 경제화는 여전히 소비를 통한 성장을 원하지만 지구는 공급을 지속할 수 없다. 기술발전에 따라 자원고갈 시점이 늦춰지고 대체에너지가 개발되고 있지만 지구는 예상보다 빠르게 뜨거워지고 있다. 기술이 모든 문제를 해결해줄 수 있다면 지금 우리가 직면한 기후위기의 증상들은 설명이 불가능하다. 그렇다면 인간의 욕망을 축소해 자원을 아껴 쓰는 것만이 유일한 해법일까? 또 그것은 가능한 일인가? 팬데믹에도 불구하고 미국의 주요 소비지표인 만하임지수Manheim Index, 중고차 가격지수가 치솟고 신용카드 매출액이 계속 늘어나는 것을 보면 쉽지 않은 일 같다.

장식을 배제한 모더니즘 건축

미국의 소설가 아인 랜드Ayn Rand가 1943년 발표한 『파운

틴헤드Fountainhead』는 근대건축의 개척자 라이트를 모델로 한 건축 소설이다. 소설 속 주인공 하워드 로크는 50층 규모의 은행 건물 신축 프로젝트를 수주할 수 있는 절호의 기회를 건축적 신념 때문에 포기하고 파산한다. 이사회는 대중이 선호하는 고전주의 양식과 장식을 절충해 표현해줄 것을 요청했지만 건축가는 투명한 유리와 절제된 콘크리트만이 고양된 인간 정신을 온전히 구현할 수 있다고 믿는다. 그에게 관례화된 양식과 화려한 장식은 물신의 가식적 허위이자 방탕한 사치였다. 로크는 일자리를 잃고 채석장의 인부가 된다. 천공기를 들고 거대한 석산과 씨름하는 장인으로 돌아가 천 년을 지속하는 고독을 채굴한다. 여기서 돌은 세상과 타협하지 않는 절대적 개인주의, 순수한 모더니즘을 상징한다. 그에게 가공되지 않은 원석은 실존의 증거이자 존재 자체였다.

근대건축에서 장식을 죄악으로 규정한 사람은 『장식과 범죄Ornament and Crime』(1908)의 저자인 건축가 로스다. 그에게 장식은 졸부의 과시적 허풍, 노동력과 자원을 고갈시키는 일종의 범죄였다. 오스트리아에서 석공의 아들로 태어난 그는 미국을 여행하며 건축을 보고 배웠다. 그의 저서는 근대건축의 상징과도 같은 건축가 코르뷔지에에게 큰 영향을 주었다. 코르뷔지에 역시『오늘날의 장식예술

아돌프 로스, 빌라 뮐러,
장식이 배제된 순수한 덩어리, 프라하, 1928

L'art décoratif d'aujourd'hui』(1925)에서 장식을 일종의 우상숭배, 결함을 감추기 위한 눈속임으로 보고 건축이 정직한 최소한의 덩어리mass로 돌아갈 것을 주장했다. 그는 금욕적 생활과 성서에 충실한, 신앙을 중시하는 칼뱅주의자였는데 근대건축의 저변에는 이러한 프로테스탄트 사상이 널리 깔려 있었다. 계몽주의 철학자 루소에 따르면 소수가 독점한 쾌락의 증가는 다수의 불행으로 이어지므로 우리는 "고결한 야만인"으로 돌아가 순수한 자연 상태를 회복해야 한다.

하지만 문제가 있다. 재화를 사고파는 자본주의 사회에서 경제적 교환이 일어나려면 인간의 욕망이 전제되어야 하는데 노동원리만 강조하고 쾌락원리를 축소하면 소비가 줄어들어 시장이 무너진다. 따라서 소비는 사회를 움직이는 하나의 동력이 되어야 하고 '개인의 악(욕망)은 공공의 선'이 된다. 18세기 유물론자 클로드 아드리앵 엘베시우스 Claude Adrien Helvétius는 인간 행동의 유일한 원인이 '자기애'라고 주장했다. 그에 따르면 모든 사람은 오로지 나를 위해 다른 대상을 사랑한다. 선악을 구분하는 도덕적 양심은 근거가 없다. 처음부터 옳은 것은 없고 결과적으로 유용한 것이 좋은 것이다. 위대한 사람은 거대한 힘, 즉 자율적인 정열을 가진 사람이다. 기회가 동등하더라도 이 정열이 차이를 만들고 세상을 이끈다. 이것이 오늘날의 미국을 만든 실용주의,• 개척자 정신이다.

막스 베버Max Weber는 『프로테스탄트 윤리와 자본주의 정신Die Protestantische Ethik und der Geist des Kapitalismus』(1905)에서 상공업자들의 지지를 받은 칼뱅주의가 자본주의 발전을 이끌었다고 말한다. 프로테스탄트의 검약은 무조건적 축소가 아니라 생산과 투자, 성장과 팽창을 위한 자본 축적에 가까웠다. 근대건축, 특히 보편성을 강조한 국제주의 양식이 비인간적이고 획일적인 사회를 만든 천민자본주의의 원인으로 지목되는 것도 이러한 측면이 크다. 그래서 1970년대 이후 단조로운 국제주의 양식의 폭력성을 극복하고 모더니즘을 비판적으로 계승하는 것이 건축계의 화두가 되기도 했다. 보편적 세계 문명과 규범 안에서 지역성을 살리려는 '비판적 지역주의Critical Regionalism'가 대표적인 예다. 우리나라에도 많이 알려진 건축가 안도 다다오, 마리오 보타, 알바로 시자, 페터 춤토르, 라파엘 모네오, 글렌 머컷 등이 해당된다.

• 실용주의는 철학이라기보다 절대진리를 의심하고 자기정체성의 우연적 성격을 인정하는 하나의 방법론이다. 사상가로는 윌리엄 제임스, 찰스 샌더스 퍼스, 존 듀이 등이 있다. 이들은 근현대건축에 큰 영향을 미쳤다.

기능, 효율, 기술, 경제성을 강조한 1920~30년대 국제주의 양식

비판적 지역주의 건축가 마리오 보타의 작품,
남양성모성지 대성당, 경기도 화성, 2019

라다크의 건축가 없는 건축

검약의 또 다른 모습을 보여주는 예가 있다. 언어학자 헬레나 노르베리 호지Helena Norberg-Hodge가 리틀 티베트라 불리는 라다크 토착민들의 삶을 기록한 『오래된 미래Ancient Futures』(1991)는 현대화와 개발만이 번영과 행복을 위한 유일한 길이라 믿어온 서구인들에게 큰 깨달음을 준 환경·생태 부문의 고전이다. 히말라야 고원에 위치한 라다크는 비가 거의 오지 않아 연중 4개월만 경작 가능하고 나머지 8개월은 영하 40도 이하의 겨울이 지속되는 불모의 땅이다.

보이는 것은 황량한 계곡과 회오리바람밖에 없는 척박한 환경에서 독자적인 삶의 방식을 발전시켜온 라다크인들은 자연이 허락한 범위 안에서만 필요한 것을 취하는 윤리적 검약을 실천하며 살아왔다. 이들은 아무것도 허투루 버리지 않는다. 음식을 만들고 남은 보리 찌꺼기로 술을 만들고 그 찌꺼기를 말려 가루로 만들어 쓴다. 기름을 내고 남은 살구씨 조각은 버리지 않고 물레를 돌리는 데 사용한다. 설거지물도 동물들에게 조금의 영양을 줄 수 있다고 생각해 재활용한다. 손으로 짠 옷은 수년 동안 기워 입는데 옷이 너무 낡아 더 이상 입을 수 없게 되면 진흙과 뭉쳐 수로 보수공사에 사용한다. 가축의 배설물은 화로에서 나온 재와 섞어 비료로 쓰고 겨울에 불을 때는 연료로 사용하기도 한다.

진흙과 나무로 만들어진 라다크 전통주택

이들이 집을 짓는 방식도 크게 다르지 않다. 온 가족과 마을 사람들이 주변에서 쉽게 구할 수 있는 진흙을 이용해 벽돌을 만들어 쌓고 그 위에 포플러 나무 대들보와 버드나무 가지로 지붕틀을 만든 후 진흙으로 마감한다. 비가 오면 물이 새거나 지붕이 내려앉을 수 있지만 연중 비가 오지 않아 무방하다. 90센티미터 두께의 두꺼운 벽은 혹독한 냉기로부터 사람들을 보호해준다. 모두가 참여하는 건축가 없는 건축● 이자 이곳에서만 가능한 토속 건축이다.

이렇게 자원이 부족하면 자원을 먼저 차지하기 위해 싸움이 일어날 것 같지만 라다크에는 화를 내거나 남을 해하는 사람이 없다. 타인에게 화를 내는 것은 이곳에서 가장 큰 불명예이기 때문이다. 생존을 위한 경쟁 대신 상호부조와 협력이 라다크를 움직인다. 문명화한 서구 기준에서 라다크는 절대빈곤 상태에 가깝지만 라다크인들은 스스로 가난하다고 생각하지 않는다. 자본과 계약이 아니라 공동체가 주는 신뢰와 안정감이 사회를 단단하게 지지하고 있기 때문이다. 그것이 행복의 원천이다. 우리나라도 자원순환,

---

● 1964년 뉴욕현대미술관(MOMA)에서 열린 전시의 제목. 전시를 기획한 작가 겸 건축가 버나드 루도프스키가 동명의 책을 출판했다. 전 세계 토속 건축 사례가 나열되어 있다. 건축이 전문가의 예술이 되기 이전에는 기후와 환경에 적응하고 공동체를 위해 인간애를 발휘하는 집단적 생산이자 자연발생적 활동이었음을 강조했다.

제로웨이스트 구현을 위해 자원순환기본법을 제정하고 정책 지원을 아끼지 않고 있지만 이를 단순히 자원 절약의 차원에서 접근하기보다 사회적 신뢰와 연대의식의 회복이라는 측면에서 바라볼 필요가 있다. 일상 속 환경운동에 참여하는 개인들이 정보와 마음을 주고받으며 공동체감을 개발하고 상호신뢰를 쌓을 때 사회는 더 안전해진다. 물질보다 마음을 키우는 사회가 지속 가능하다.

생태경제학자 팀 잭슨Tim Jackson은 영국 지속가능개발위원회의 연구 보고서 『성장 없는 번영Prosperity Without Growth』(2009)에서 '번영'을 다시 정의해야 한다고 주장한다. 인류의 번영을 물질적 부의 축적에 한정하지 않고 사회적, 심리적 자기실현으로 확장해야만 지구라는 유한한 자원 안에서 진정한 번영을 지속할 수 있다는 것이다. 이는 라다크의 교훈과 일맥상통한다. 경제적 풍요만이 행복을 보장한다면 우리에게 희망은 없다. 가치를 전환해야 길이 열리고 함께 걸을 수 있다.

집과 돌봄에 대하여

기억이 담긴 사사로운 삶의 표식

여덟 살 된 딸이 있다. 외모뿐만 아니라 기질이나 체질도 아빠를 많이 닮은 이 아이는 엄마 뱃속에 있을 때부터 내 뒤를 그림자처럼 졸졸 따라다니며 떨어지려하지 않았다. 편의점에서 담배를 고르면 내려놓으라 하고, 퇴근 시간에 친구와 통화를 하면 전화를 가로채고, 경력에 중요한 결정을 내리려 하면 그날은 유난히도 해맑게 웃었다. 민들레 홀씨처럼 사뿐히 날리는 아이의 투명한 손톱과 시작과 끝을 알 수 없는 사랑스런 잔소리는 목적이라는 관성이 붙어 직진밖에 모르던 삶의 행로를 갈지자로 달리게 했다. 나는 예측할 수도 계획할 수도 없는 일상을 기록으로 남기기 위해 매일매일 육아일기를 쓰고 사진을 찍었다. 아이의 태명을 따『망고실록』이라 이름붙인 육아일기는 그렇게 7년을 이어오고 있고, 아이가 다섯 살 때부터는 매일 아침 같은 자리에서 유치원 등원 사진을 찍어줬다.

유난스럽다고 할 수도 있는 딸에 대한 관심과 사랑은 학창시절 접했던 사진첩 『윤미네 집』(1990)에 크게 빚지고 있다. 경부고속도로를 건설한 토목공학자이자 대학교수, 아마추어 사진가였던 전몽각 선생은 1964년, 큰딸 윤미 씨가 태어나서 시집갈 때까지 26년간 찍은 사진을 모아 책으로 출간했는데, 이 사진집은 아이의 성장기를 기록한 개인적 사료일 뿐만 아니라 소박해서 더 애틋한 한 가족의 인생사를 투영하고 있다. 오래된 흑백 사진을 통해 볼 수 있는 시대상도 흥미롭지만 가족들이 머무는 공간을 가득 채운 온기와 카메라 너머로 전해지는 아버지의 애정 어린 시선은 집이란 무엇인가 다시 생각해보는 계기가 됐다.

소설가 최인호가 남긴 딸과 손녀의 이야기 『나의 딸의 딸』(2014)과 김환기 화백이 딸에게 보낸 편지들도 그랬다. 누구나 가족들과의 빛바랜 추억이 있지만, 사람과 사람 사이의 짧은 인연이 끝난 후에도 그 소중한 감정이 휘발하지 않고 온전히 마음속에 자리 잡기 위해서는 글이나 사진, 이야기가 담긴 소품, 추억의 장소, 혹은 집이라는 물리적 실체가 필요하다. 불안정한 기억과 순간의 감정은 사물에 정착할 때 객관적 거리와 영속성을 얻게 되기 때문이다. 어떤

전몽각, 『윤미네 집』 포토넷, 2010

사회가 가진 집단 기억은 충혼탑 같은 거대한 기념비나 공식적 의례를 필요로 하지만 개인의 내밀한 기억은 작고 친밀해서 주머니 속에 넣을 수 있는 사사로운 것들에 잠들어 있다.

정신없이 돌아가는 바쁜 일상에 시간과 노력을 들여 세심한 표식을 남기는 것은 고된 일이다. 하물며 나와 가족이 머무를 집을 마련하는 일은 말할 것도 없다. 거부할 수 없는 숙명처럼 사회 문제가 우리를 괴롭히고 태초부터 인간과 공존해온 개인적 불행이 시대에 따라 모습을 바꿔가며 등장하는 와중에 삶의 터전을 마련하고 주변을 돌보는 일은 생존 이상의 의미를 가지기 때문이다. 인류학 연구에 따르면 영장류와 유인원 가운데 무리가 다 함께 움직이지 않고 병들거나 유약한 가족 구성원을 돌보기 위해 일정 기간 한곳에 머무는 집단은 인간이 유일하다. 무리 지어 이동하는 동물들도 병든 개체를 돌보지만 그 개체가 이동 중 집단에서 낙오한다고 해서 이동을 멈추진 않는다. 하지만 인간은 회복이 불가능한 경우라 하더라도 끝까지 집에서 보호받으며 가족의 일원으로 대우받는다. 인간의 '머무름'은 일정한 곳에 자리를 잡고 공동체를 보살피며 살아간다는 의미의 '정주定住'이며 인간이 정주하는 자리는 몸과 마음 그리고 의식이 뿌리내리는 '장소'를 말한다. 많은 연구들은 수렵생활을 하는 유목민도 정주 개념을 가지고 있음을 보여준다. 정도의 차이는 있지만 인간이라면 누구나 한곳에 정착하려는 원시적 욕구를 갖고 있다는 것이다. 고대사회에서는 추방이 사형보다 가혹한 형벌이었는데 조상 대대로 일궈온 약속의 땅에서 이탈하는 것은 인간 자격을 박탈하는 불명예였기 때문이다. 인간은 정주를 통해 실존적 의미를 확보했고 정주할 때만 비로소 참된 존재로 인정받을 수 있었다.

돌보는 '장소'와 장소의 상실

일상에서는 비슷한 의미로 사용하지만 건축학, 지리학, 인류학 등에서는 '공간space'과 '장소place'를 구분한다. 공간은 우주공간처럼 물리적으로 아무것도 없는 빈자리다. 반면 장소는 사람이 나를 둘러싼 환경에 관여하는 과정에서 삶의 의미와 가치를 획득한 삶의 터전을 말한다. 공간이 자유롭게 이동할 수 있는 무색무취의 추상적 광활함이라면 장소는 돌봄을 통해 애착을 갖게 된 구체적이고 안정적인 경계인 것이다. 경계는 성곽처럼 명시적일 수도 있지만 '조국'이나 '고향'처럼 개인에 따라 모호하고 암시적일 수도 있다. 사람은 저마다 어떤 장소에 대한 주관적 느낌을 갖고 있고 우리는 그것을 '장소감sense of place'이라 부른다.

하이데거의 실존적 사유를 바탕으로 장소 이론을 발전시킨 건축학자 노르베르그 슐츠●는 말한다. "우리는 실제의 터전을 얻기 위해 환경과 친숙해져야 한다. 친숙함은 환경이 의미 있는 것으로 경험된다는 것이다. 장소에 주의 깊다는 것이다. 주의 깊다는 것은 돌본다는 것이고 그것은 창조적 적응이라 할 수 있다." 장소는 하루아침에 만들어지지 않는다. 돈으로 살 수 있는 것도 아니다. 시간과 노력을 들여 주변을 돌보고 함께 나이 들어가며 깊은 심리적 관계를 쌓아갈 때 차가운 공간은 생기 충만한 장소가 된다. 그것은 자기 의지와 무관하게 이 세상에 던져진 연약한 생명이 심리적 위안과 정신적 고양을 오가며 스스로 자립할 수 있는 인간으로 성숙해가는 과정이다. 현대인은 수호정령 같은 토템이나 신화, 씨족사회의 전통을 문명화되지 못한 미개인의 퇴행적 관습으로 생각하지만, 이러한 고대문화는 인력

● C. Norberg-Schulz, 1926~2000. 노르웨이 건축가이자 건축학자, 교육자인 그는 1960년대 이후 장소 이론을 중심으로 건축현상학을 발전시켜 포스트모더니즘과 현대건축에 지대한 영향을 끼쳤다. 그는 건축의 궁극적 목적은 거주에 있다고 보았으며, 인간은 자신에게 정체를 부여하는 환경을 의미 있게 경험할 때에만 진정으로 거주할 수 있다고 주장했다. 그에 따르면 거주를 위한 장소란 단순한 은신처가 아니라, 삶과 일상생활이 펼쳐지는 고유한 성격을 지닌 곳이다. 『실존, 공간, 건축』 『장소의 혼(지니어스 로사이)』 『거주의 개념』 등의 저서가 있다.

탄천의 생태습지와 백로

으로 거스를 수 없는 거대한 자연현상을 논리적으로 이해하고 부족한 자원을 효율적으로 사용하며 사회를 안정적으로 유지하기 위한 윤리적 규범이자 당시로서는 최첨단의 과학이었다. 인류가 발전시킨 장소감이 단순히 익숙한 기물과 오래된 장소를 그리워하는 낭만적 취향이 아니라 삶을 가능케 하는 실존의 조건이었다는 것이다.

하지만 기능, 효율, 속도, 규모, 유행, 첨단기술, 과시적 소비, 무한대의 자본축적 등을 추구하는 현대사회에서 '천천히 성장하는 장소'는 유구한 역사를 관통해온 고유한 가치를 상실했다. 세대를 이어온 노포는 사라졌고 그 자리에는 해마다 간판을 고쳐 다는 프랜차이즈만 남았다. 유목민을 자처하는 현대인은 물자의 이동과 재구조화가 극대화된 도시를 미끄러운 가상세계처럼 유랑하며 스스로 기계가 되어 단편적이고 임시적인 행위를 반복한다. 삶의 지혜와 통찰을 전해주던 어른은 모르는 게 없는 젊은이가 조롱하는 꼰대가 됐고 여러 사람의 손때가 묻은 세월의 흔적은 신상카페의 레트로 취향으로 소비된다. 과거와 현재를 이어주던 견고한 애착의 매듭이 풀리면서 장소를 상실한 것이다. 돌보지 않고 소비하는 인간은 애착을 가질 수 없고 사랑이 없는 인간은 적막한 공간에서 거울을 쳐다보며 나 홀로 영원을 욕망한다. 군중과 상품에 둘러싸인 이들이 안식하는 방법은 스스로 상품이 되어 이미지로 소비되는 것뿐이다.

장소라는 포장지, 핫플레이스 만들기

2000년대 들어 낙후된 구도심에 고급 상업시설이 새로 들어오면서 원주민이 삶의 터전을 잃고 다른 지역으로 쫓겨나는 젠트리피케이션이 사회문제로 대두됐다. 한정된 일부 지역에서 완만한 속도로 진행되는 젠트리피케이션은 도시발전에 따른 불가피한 현상으로 지역과 계층 간 순환, 도심환경개선이라는 측면에서 순기능을 하기도 한다. 하지만 저소득층이 단기간에 치솟은 임대료를 감당하지 못하고 밀려나 대체 거주지를 찾지 못할 경우에는 부작용이 심각하다. 장기간 한 곳에 거주하며 형성된 인적관계망에 의존해 생계를 유지해온 영세 상인들은 타 지역에 재정착이 어렵고 업종 변경이나 경쟁력 제고도 쉽지 않기 때문에 일부 원주민에게 젠트리피케이션은 회복하기 힘든 상처를 남긴다.

팬데믹 이후 해외여행이 어려워지자 공간기획과 장소마케팅이 붐을 이루면서 소셜 미디어에는 핫플레이스를 찾아다니는 인플루언서와 광고료를 받고 공간을 소개하는 마케터들이 성업 중이다. 개발업자들은 저렴한 지대와 양호한 입지조건을 갖춘 지역을 발굴해 대규모 자본과 트렌디한 인테리어를 무기로 빠르게 세를 넓혀간다. 서촌이나 연남동처럼 그 동네만의 독특한 분위기를 갖고 있는 지역들이다. 그렇게 안국동의 핫플레이스가 성수동과 미아동에 진출하고 익선동의 한옥카페가 똑같이 복사되어 경주 황리단길에 자리를 잡았다.

장소 마케팅은 본래 탈산업화, 지식창조서비스 산업의 등장 등 산업구조의 변화로 쇠퇴한 지역에서 지역경제 활성화를 위한 대안으로 등장했다. 지방정부와 지역민이 주체가 되어 지역이 가진 양질의 자연적·역사적·문화적·인적 자산 등을 활용해 새로운 일자리를 만들고 도시 구조와 기능을 매력적으로 재생하는 것이다. 쇠락한 철강 산업지구가 예술마을로 거듭난 스페인 빌바오나 일본의 예술 섬 나오시마 같은 경우다. 하지만 우리나라의 장소 마케팅은 원주민의 참여가 배제된 상태에서 장소에 대한 이해 없이 외부의 상업 자본이 들어와 핫플레이스 만들기로 귀결하는 경우가 대부분이다. 핫플레이스 만들기는 기획된 공간을 장소로 포장해 이미지로 소비하는 최신 사업모델이다. 이 사업의 문제는 지역공동체에 대한 배려, 사회적 연대의식, 역사와 전통에 대한 존중, 지역사회 환원 등이 부재하고 우리 삶을 풍요롭게 해주는 가치와 경험을 모두 상품화한다

예술마을로 재탄생한 나오시마(위)
기억과 경험의 장소. 서촌 대오서점(아래)

는 것이다. 관광객과 외지인이 버리고 간 쓰레기로 몸살을 앓고 있는 벽화마을이나 주말마다 소음에 시달리는 북촌한옥마을, 갑자기 늘어난 방문차량으로 이웃 간 다툼이 끊이지 않는 카페골목, 자연경관과 조화하지 못하는 거대한 창고형 건물 등을 보면 장소의 상실이란 곧 돌봄의 상실이 아닌가 생각하게 된다.

지리학자 데이비드 하비•는 "후기 자본주의 시대에 도시의 유동성이 커지면 자본은 장소의 미세한 차이에 민감해진다. 결과적으로 질 좋은 장소로 자본과 사람이 집중되면서 지역과 계층 간 격차가 벌어진다"고 말했다. 장소 자체가 자본축적의 도구가 되어 사회적 격차를 키울 수 있다는 것이다. 어느 시대나 사회적 격차는 존재했지만 우리 시대의 격차는 언제 터질지 모르는 풍선처럼 계속 부풀어 오르고 있다. 이 격차는 불신, 냉소, 혐오, 절망, 분노 등을 낳고 있는데 이들은 모두 처절한 소멸의 감각이다.

• David Harvey, 1935~. 영국의 마르크스주의 지리학자로, 지리학 분야에서 가장 널리 알려진 세계적 석학이다. 자본주의와 신자유주의가 초래한 사회변동과 그로 인한 도시 문제를 날카롭게 지적해 명성을 얻었다. 앙리 르페브르, 안토니오 그람시, 머레이 북친 등의 영향을 받았고 사회이론, 문화변동, 정치경제학 등 광범위한 주제를 다루고 있다. 『포스트모더니티의 조건』, 『도시의 정치경제학』, 『자본의 한계』 등을 썼다.

지구라는 하나의 장소

집은 몸과 마음이 머무는 궁극의 안식처이자 과거의 기억과 미래에 대한 기대를 담지한 시간의 저장소다. 우리는 집에서 어제의 흔적을 발견하고 오늘의 나를 만나고 알 수 없는 내일을 준비한다. 화분에 물을 주고 고장 난 문고리를 수리하고 음식을 준비하고 침대 밑에 쌓인 먼지를 치우며 몸을 움직인다. 창밖으로 보이는 나뭇가지의 리듬에서 바람을 느끼고 담벼락에 드리운 빛의 음영에서 생의 감각을 찾고 거리를 오가는 사람들의 옷차림에서 계절의 변화를 알아챈다. 관심과 애착이 불러일으킨 진실한 감정이 공간을 가득 채울 때 집은 나를 둘러싼 세계의 외관, 하나의 완벽한 우주가 되는 것이다. 그곳은 면적으로 거래하거나 교환할 수 있는 '공간'이 아니라 자아와 짝을 이룬 나만의 성소다.

집이라는 장소를 개인에 한정하지 않고 집단으로 확장하면 골목길, 동네, 도시가 된다. 15세기 르네상스 건축가 알베르티는 "집은 작은 도시와 같고 도시는 큰 집과 같다"고 말했다. 집과 도시는 본질적으로 다르지 않다는 뜻이다. 다른 지역과 차별화되는 건축적 특징을 공유하고, 공식적 의례와 비공식적 친교가 반복해서 일어나고, 역사와 전통에 자긍심을 느끼고, 상호신뢰와 유대감으로 결속되어 있는 한정된 지역에서 주민들은 고유한 장소의식을 발전시키며 서로를 돌본다. 현대도시가 거대해지고 광역화되며 사회적 결속이 느슨해지고 있지만 놀이터에서 뛰어 노는 아이들을 지켜주는 것은 촘촘하게 직조된 CCTV가 아니라 적당한 거리에서 서로를 지켜보는 이웃들의 다정한 시선이다. 이러한 사회적 자본, 느슨한 연계가 개인의 자유와 권리를 침해하지 않으며 다양한 인간관계를 포용할 때 사회는 보다 안전해지고 사람들은 평화롭게 공존할 수 있다.

개인이 점유하는 가장 작은 공간 단위가 집이라면 인간이 관여하는 세계 전체는 지구다. 하지만 산업화 이후 인류는 지구를 하나의 장소로 보지 않고 자원으로 소비해왔다. 지구를 자원화해 얻을 수 있는 풍부한 물자가 행복의 척도로 여겨졌고 과학기술의 발전이 인류가 잃어버린 정신적 가치를 보상해주리라 낙관했기 때문이다. 기하급수적으로 증가하는 인구와 식량부족으로 빈곤은 불가피한 현상이라고 주장했던 맬서스의 '인구론'처럼 미래에 대한 지나친 비관은 불필요한 불안과 억측을 낳는다. 하지만 반대로 우리는 무책임한 낙관 역시 경계해야 한다. 우리가 직면한 기후위기와 팬데믹은 지구가 우리에게 보내는 신호다. 인류가 정주하는 단 하나의 장소가 지구라면 우리는 지금 삶의 가치와 방식을 바꿔야 한다. 소유에서 나눔으로, 성장에서 회복으로, 경쟁에서 돌봄으로.

말하는 건축가

개발, 재생, 다시 개발

서울시는 낙후된 종로4가 세운상가 일대를 전면 재개발하는 녹지생태도심 전략을 발표했다. 종묘에서 퇴계로에 이르는 세운지구는 2000년대 중반 국제현상공모를 거쳐 재개발이 진행되다가 토지주, 임차인, 주민들 간 이견과 2008년 금융위기로 민간 투자가 표류하면서 전임 고故 박원순 시장 때 재개발에서 도시재생으로 방향을 전환한 바 있다. 구도심의 도시 구조를 보존하며 지역의 문화와 역사성을 살리기 위해서였다. 하지만 신임 오세훈 시장이 과거 본인 재임 기간에 무산된 전면 재개발을 다시 추진하면서 우려의 목소리가 커지고 있다.

서울시의 녹지생태도심 전략은 건물의 최고높이 제한을 완화하고 용적률을 높이는 대신 녹지로 쓰일 공지를 확보하는 것이 골자다. 건물 한 층의 면적은 작지만 높이 지을 수 있기 때문에 당간지주처럼 하늘 높이 솟은 빌딩 숲 사이사이로 공원이 조성되고, 용적률이 높아진 만큼 지하에는 대규모 주차장이 들어선다. 최근에 지어지고 있는 신축 대단지 아파트를 생각하면 비슷한 모양새다. 하지만 주민이 상주하고 사생활과 공동생활이 적절히 분리돼야 하는 주거시설인 아파트와 달리 중심업무지구에서 이러한 구성은 건물을 고립된 섬으로 만들어 가로의 활력을 떨어뜨리고 밤이면 도시가 텅 비는 도심공동화현상과 더불어 도시공원을 우범지대로 전락시킬 위험이 있다. 도심 속 자연이라는 유토피아적 환상이 잔인한 초록으로 돌아오는 것이다.

서울시는 업무시설 외 주거, 상업, 문화시설 등을 배치해 도심공동화 현상을 막겠다고 하지만, 민간투자자의 수익을 보장하기 위해 용적률을 높인 이상 수익 사업 위주의 고층고밀 개발은 불가피해 보인다. 이곳에 주거시설이 들어오더라도 일부 부유층의 고급아파트가 될 가능성이 크다.* 과거 사대문 밖 신도시로 개발된 용산, 여의도, 삼성동 같은 중심업무지구에서 초고밀 개발은 도시경쟁력 제고를 위한 선택이다. 하지만 5백 년 이상 조선의 도읍이었던 역사도시 한양의 도시구조가 보존돼 있는 역사문화지구에서 이러한 민자사업이 역사성과 공공성을 담보할 수 있을지는 의문이다. 세운지구 일대는 50년 이상 노후된 목조건축물이 밀집해 화재에 취약하고 버려진 폐가가 많아 도시정비사업 필요성에 대해서는 이견이 없다. 문제는 속도와 방식이다. 공공이 개입할 곳과 민간 자율에 맡겨야 할 곳을 선별하고 각계각층의 의견을 수렴할 필요가 있다.

뜨거운 아스팔트와 유리 커튼월 건물로 뒤덮인 도심에 녹지를 공급한다는 구상은 일면 친환경적으로 보인다. 도시열섬 현상을 줄이고 공기를 정화하고 도시민에게 쾌적한 자연환경을 제공한다는 측면에서 그렇다. 하지만 녹지를 확보하기 위해 업무시설을 초고밀 개발해야 한다면 다시 한번 생각해봐야 한다. 자연환기가 안 돼 24시간 공조기를 가동해야 하는 고층 빌딩숲과 직주분리로 대규모 교통을 유발하는 근대적 도시계획이 환경에 좋을 리 없다. 최근 논의되고 있는 콤팩트 시티처럼 15분 도보권에 복합용도시

- 이 글은 2022년 초에 썼다. 2024년 1월 발표된 '세운재정비촉진계획' 변경안에는 SH공사 주도의 공공통합재개발을 통해 1만여 가구를 공급하고 1, 2인 가구를 위한 소규모 주택을 30퍼센트 이상, 임대주택을 10퍼센트 이상 공급해 공공성을 확보하기로 했다. 주거와 상가를 통합 재개발할 경우 인센티브를 주는 방안도 포함됐다. 하지만 종로에서 을지로, 충무로까지 이어지는 공구상가와 소규모 가게들, 허름한 노포와 카페들이 자아내는 이 지역만의 독특한 분위기가 사라지고 대형 쇼핑몰과 주상복합아파트, 공연장, 컨벤션 센터 등이 들어서면 세운지구가 지금의 도시적 매력을 계속 유지할 수 있을지는 여전히 의문이다. 도심에 작은 여의도가 하나 더 생기는 셈이다.

설을 밀집시켜 차량 이용이 필요 없도록 하고, 보행자 중심의 친밀한 가로 환경을 조성해 다양한 계층의 주민들이 어우러지며, 도시기반시설이 수용 가능한 적정 밀도와 기능을 유지하는 것이 단순 녹지 확보보다 중요하다. 인사동이나 연남동처럼 가로 저층부에 크고 작은 소매점과 편의시설을 배치하면 지역경제가 활성화되고, 생활권 내에 보육, 교육, 문화, 의료 등 근거리 서비스를 제공하면 지역 간, 계층 간 불균형을 해소할 수 있다. 사회적 약자의 이동권 문제도 개선할 수 있다. 순차적으로 충격을 완화하며 도시의 자족기능을 회복시키는 것이 관건이다. 하지만 개발과 성장이라는 거대한 당위 앞에서 보존과 느림의 가치를 주장하는 목소리는 무력하기만 하다. 도시건축 전문가로서 공공을 위해 발언해야 할 건축가들의 모습도 거의 보이지 않는다. 녹지생태도심이라는 선전구호가 또 하나의 그린워싱으로 전락하지 않으려면 다양한 분야의 전문가들과 시민사회의 참여가 충분히 보장되어야 하지만 군사작전처럼 일사천리로 진행되고 있는 세운지구 개발 예시도를 보면 기대보다 걱정이 앞선다.

건축가라는 직업

작업실에 앉아 건물을 디자인하고 설계도서를 작성하는 현대적 의미의 건축가라는 직업은 르네상스 시대에 출현했다. 고대에도 도시를 계획하고 건물을 설계하는 건축가가 존재했지만 중세 말까지 이들은 건설 현장의 최고 기술자, 장인으로서 책임 석공이라 불렸다. 하지만 예술과 공예를 분리시킨 르네상스가 건축가를 고대 그리스 고전에 정통하고 투시도법과 보편적 학예를 배운 예술가로 승격시키면서 건축가는 현장을 떠나 그 시대에 적합한 형태와 양식을 탐구하는 학문적 문제에 몰입하게 된다. 이들은 토속적 방식으로 지어지던 서민들의 민가보다 상대적으로 고귀한 일이라 여겨지던 신전이나 공공청사, 귀족들의 고급 주택 등을 주로 설계했고 지배층의 요구에 충실한 전문직 중간 계급으로 자리 잡는다. 프랑스 제정 시대에는 바로크 시대 절대왕정과 차별화되는 국가적 정통성을 확립하기 위해 장대한 신고전주의 양식을 개발했고, 빅토리아 시대 영국에서는 고딕 건축이 대영제국의 정체성에 적합한 권위 있는 양식으로 선언됐다. 대영제국에서 독립한 미국의 국부들은 모국의 영향력에서 벗어나기 위해 신고전주의나 고딕이 아닌 고대 그리스 양식을 차용했다. 건축가들은 언제나 양식 논쟁의 중심에 있었다.

르네상스 시대에 피티 가문을 위해 건축가가 설계한 피티 궁, 피렌체(위)
19세기 부르주아의 화려한 의상(아래)

18~19세기 급속한 산업화는 건축가를 '그림 그리는 사람'으로 고립시키는 또 하나의 변곡점이었다. 경제 규모가 급성장하면서 철도역사, 교량, 박람회장, 은행 등 초대형 건축물이 필요해지자 효율성을 중시하는 비용-편익 분석 방법과 시공 도급제도가 자리 잡았는데, 시공비를 가늠하는 견적사와 직공을 작업 단위로 쪼개 고용하는 종합도급업자general contractor, 오늘날 종합건설사가 등장하면서 건설 사업 전체를 주관하던 건축가의 역할이 '디자인'으로 축소된 것이다. 최고 기술자 지위를 상실한 건축가는 산업화 과정에서 부를 축적한 신흥 지배층인 부르주아의 사치스러운 욕망과 취향에 화답하기 위해 절충주의 건축 양식과 기교적 구성에 의존하게 됐고, 개인적 표현과 주관에 치우친 낭만주의 시대에는 건축가의 탁월한 예술적 기예만이 직업적 생존을 가능케 했다.

　이러한 경향은 건축가의 기술 교육에 힘을 쏟았던 프랑스보다 산업화로 인한 사회 모순이 두드러진 영국에서 보편적으로 나타났다. 1834년, 영국에서 처음 건축가협회가 설립된 것도 날로 위태로워지는 건축가의 지위를 보호하기 위함이었다. 마지막 남은 건축가의 전문성은 양식과 장식이었다. 1960년대 건축의 상업화가 극에 달해 건축가가 자본의 하수인으로 전락했을 때 건축가들이 예술로서의 건축을 다시 강조했던 것도 같은 맥락이었다.

나중에 온 이 사람에게도

환경오염, 인종차별, 노동착취, 인간소외, 무질서한 도시화, 전염병 등 당시 영국이 직면한 사회경제적 모순과 병폐에 직언을 퍼부은 사회사상가이자 예술비평가 존 러스킨John Ruskin은 정치, 경제, 사회, 예술 등 각 분야에 박식한 최고 지성으로 추앙받았지만, 건축인들에게는 『건축의 일곱 등불The Seven Lamps of Architecture』(1849)이라는 고전으로 더 유명하다. 그는 이 책에서 당대 건축가들의 가식적 표현과 상업적 행태에 분노하며 건축가가 지켜야 할 일곱 가지 윤리규범을 제시했다. 탁월함을 위한 '희생', 재료의 정직한 사용 '진실', 단순함의 미덕 '힘', 자연을 창조의 원천으로 삼는 '아름다움', 공예적 전통에 잠들어 있는 '생명', 세대와 세대를 잇는 '기억', 절제를 위한 '복종.' 그는 예술가가 창조가 아닌 부유함을 쫓고 건축가가 정직함 대신 직업적 이익을 따른다면 우리가 추구해야 할 진정한 가치가 어디 있겠냐고 묻는다. 진실함과 단순함을 강조한 러스킨의 사상은 인류의 보편적 복리증진이라는 모던 프로젝트, 근대건축의 순교자 정신에 큰 영향을 줬다. 건축가들에게 개인이 아닌 사회를 위해 발언하고 행동할 것을 요구한 것이다. 근대건축의 개척자 코르뷔지에는 『오늘날의 장식예술』에서 부르주아의 자기과시적 장식을 날조, 속임수, 기생충이라고 신랄하게 비난하며 이렇게 말한다. "우리의 어린 시절은 러스킨에 의해 훈육되었다. 그 시대는 참기 어려운 때였다. 지속될 수 없었다. 부르주아가 파멸하는 시기였으며, 물질주의 속에서 익사하는 시대였다." 코르뷔지에, 그로피우스, 기디온 등이 주도한 근대건축국제회의•는 그렇게 만들어졌다.

러스킨은 『근대 화가론Modern Painters』(1843)을 통해 예술비평가로 화려한 이력을 시작했지만 훗날에는 논쟁적인 사회사상가로 위대한 업적을 남긴다. 예술이 현실과 무관하다고 생각했던 당대에 예술의 사회적 효용과 헌신에 대해 이야기했던 것을 생각하면 이러한 사상의 전개는 자연스러운 일이었다.

그는 『나중에 온 이 사람에게도Unto This Last』(1860)에서 자본주의는 수요, 공급에 의해 작동하는 완벽한 기계라는 정통 경제학의 기본 원리를 부정하고 사람과 사람 사이의 '애정'에 기반한 인도주의적 경제만이 진정한 부의 원천

• CIAM, 1928년 시작된 시암은 규범화된 아카데미즘에 대항해 근대건축의 새로운 국제 질서를 구축하는 것을 목표로 했다. 지중해 선상에서 개최된 제4회 회의에서는 「아테네 헌장」이라는 기념비적 선언이 있었다. 이 헌장은 도시 기능을 주거, 노동, 여가로 구분하고 이 기능들을 교통으로 연결한다는 이상도시 개념을 포함하고 있다. 시암은 근대건축과 도시계획의 개념을 전 세계에 보급시킨 중요한 계기였다. 하지만 제6회 회의부터 시암의 합리주의적이고 기능적인 도시관에 반대하는 소장파 건축가 그룹(팀텐)의 문제 제기가 계속되어 1959년 제10회 회의를 마지막으로 해산했다.

근대건축국제회의(CIAM), 1928

이라고 주장한다. 사람의 감정과 정신이 고려되지 않은 자본의 흐름은 숫자에 불과하다는 것이다. 이 책의 제목은 「마태복음」에서 예수가 천국을 비유하는 구절, 아침 일찍부터 일한 일꾼이나 저녁 늦게부터 일한 일꾼이나 모두 똑같이 하루치 품삯을 받게 된다는 우화에서 차용했다. 적게 일한 사람이 많이 일한 사람과 똑같은 임금을 받는 것이 얼핏 불합리해 보일 수도 있지만 이 우화는 저녁까지 노동자가 일할 곳을 찾지 못한 것은 그의 잘못이 아니라 사회의 잘못이므로 사회는 노동자가 열심히 일해서 생계를 유지할 권리, 노동권과 생존권을 보호할 책임이 있다는 것을 암시한다. 시장에서 소외된 사회적 약자에 대한 배려인 셈이다.* 가난이 개인의 나태와 무지에 대한 신의 형벌이라 여겨지던 시대에, '가장 부유한 나라는 최대 다수의 고귀하고 행복한 사람을 양성하는 나라'이며 '가장 부유한 사람은 다른 사람들의 생명에 유익한 영향을 최대한 널리 미치는 사람'이라 말했던 그의 사상에는 사랑과 환희와 찬탄의 힘이 가득했다. 예수의 가르침을 따르는 복음주의 신학의 영향을 크게 받

---

* 러스킨의 사상은 영국의 사회개혁 운동과 복지국가 건설에 큰 영향을 미쳐 1911년 근대적 실업보험과 건강보험을 도입한 영국국민보험법(National Insurance Act)이 제정되는 데 기여했다.

은 그는 19세기 후반에 유행한 심미주의, '예술을 위한 예술'에 맞서 예술의 윤리적 가치를 옹호하고 대변했다.

러스킨은 당대 진보적 지식인들에게 영혼의 횃불 같은 존재였다. 간디는 그의 책을 읽고 변호사에서 인권운동가로 변신했고, 톨스토이, 프루스트, 워즈워스, 모리스 등도 그를 칭송하는 글을 남겼다. 보수당이 장악한 의회에 처음 진출한 노동당 의원들에게 러스킨은 정신적 지도자이자 정치적 멘토였다. 하지만 『나중에 온 이 사람에게도』가 처음 발표될 당시 그가 기고한 잡지는 불매운동이 벌어졌고, 천 부를 찍은 초판은 10년이 넘도록 판매가 되지 않았다. 부유한 상인으로 든든한 삶의 후원자였던 아버지마저 그에게 등을 돌리고 개인적 불행까지 겹치면서 러스킨은 조울증과 정신병에 시달리게 된다. 시대를 앞서간 그의 불온한 사회사상이 온전히 평가받고 수용되기 시작한 것은 혐오와 고립이라는 병마가 그의 손에 무거운 족쇄를 채워 펜을 내려놓게 만든 말년이 다 되어서였다.

러스킨은 대중문화와 대량소비가 세를 확장하던 경제 호황기에는 지나치게 개인윤리를 강조하고 교훈적이라는 이유로 외면받다가 금융위기 이후 신자유주의의 모순이 하나둘 드러나며 재조명되고 있는 인물이다. 백여 년 전, 사리사욕을 추구하는 경제적 인간이 가득한 사회는 파멸할 수

밖에 없다고 경고했던 그의 주장은 소수 의견이었다. 하지만 그의 삶이 증명하듯 다가오는 위험을 앞서 알리는 소수의 용기와 헌신이 사회를 보호하고 문명을 지속시켰다.

열 명의 의인이 있다면

아직까지 많은 건축가들에게 환경규제는 재앙처럼 여겨진다. 태양광 패널 같은 신재생에너지 설비는 디자인의 완성도를 떨어트리고 건물의 미관을 해치는 천덕꾸러기 취급을 받는다. 에너지 절감에 필요한 고성능 자재는 공사비를 증가시켜 사업 추진에 부담을 주고 디자인에 써야 할 예산을 갉아먹는 불청객이다. 디자인이 돋보이지 않으면 건축주의 선택을 받지 못하니 건축가들의 직업적 고민은 러스킨이 살던 그때와 크게 다르지 않다. 그러다 보니 친환경은 건축가의 업무가 아니라는 인식도 팽배하다.—건물이 정부 친환경 건축물 인증제도에 적합한 성능을 갖도록 계획하는 친환경 관련 업무는 별도의 친환경 컨설팅 업체가 수행하고 있다.—기후 대응은 이미 생존과 안전의 문제가 됐지만 현장에선 여전히 친환경을 불필요한 비용으로 치부하는 경우가 많다. 성숙하지 못한 친환경 산업구조도 걸림돌이다. 하지만 그렇다고 해서 건축가의 사회적 책임이 사라지는 것은 아니다. 일반적으로 건축가들은 청와대 이전이나 광화문 광장, 세운지구, 사회주택, 신공항 개발처럼 정치적 입장이 첨예한 주제에 대해 언급을 꺼린다. 공론장에서 자기주장을 할수록 일거리가 떨어지고 보이지 않는 불이익을 감수해야 한다는 사실을 경험적으로 알고 있기 때문이다. 전문직 직능단체는 회원의 권익을 위해 정치적 중립을 지켜야 한다는 인식도 강하다. 하지만 판단을 유보하고 사태를 관망하는 것이 언제나 유익한 건 아니다.

구약성서 「창세기」에서 악과 타락을 상징하는 도시 소돔과 고모라에 유황불이 떨어지기 전에 아브라함은 하나님께 의인 50인을 찾아오면 도시를 심판하지 말아달라고 청한다. 의인을 찾기 힘들자 아브라함은 50인을 45인으로, 다시 40인, 30인, 20인, 10인으로 줄여달라고 청한다. 하지만 10인의 의인도 찾지 못하자 결국 소돔은 불길에 휩싸여 증발하고 만다. 사회가 변화하는 데 꼭 절대 다수의 동의와 힘이 필요한 것은 아니다. 소수라도 변화의 씨앗을 뿌리는 사람이 있으면 희망이 있다. 나는 소돔과 고모라 이야기를 처음 들었을 때 왜 최후의 의인이 1인이 아니라 10인이었을까 궁금했다. 10인은 당시 한 가족, 교회 공동체를 만들 수 있는 최소 단위였다고 한다. 위기를 알리기 위해 홀로 높은 연단에 올라 목 놓아 외쳐야만 하는 건 아니다. 지금 내 옆에 있는 사람과 고민을 나누고 대화하며 삶의 기준을 함께 다듬어가는 것이 변화의 시작이다.

덜 미학적인 더 윤리적인

플라코의 마지막 비행

2023년 뉴욕 센트럴파크 동물원에 살던 수리부엉이 플라코가 우리를 탈출했다. 정확히는 탈출이 아니라 신원미상의 인물이 우리를 훼손해 공원으로 날아가 버렸다. 처음에는 동물원 관계자들이 경찰과 함께 플라코를 포획하려 시도했지만 플라코가 여기저기서 목격되면서 시민들과 언론의 관심도 커졌다. 13년 만에 자유를 만끽하는 플라코를 보며 많은 뉴욕 시민이 그를 동물원으로 돌려보내지 말라고 청원했고 뉴욕의 명물이 된 플라코는 그렇게 맨해튼에 뉴요커로 정착하게 됐다. 플라코는 도시에서 사는 법을 배워 나갔다. 규칙적으로 사냥을 하고 비행 기술도 향상됐다. 센트럴파크에 한정되어 있던 생활권도 맨해튼 전역으로 확대됐다.

동물원을 탈출한 플라코는 특이한 사례지만 개발로 서식지가 파괴된 야생동물들이 먹을 것을 찾아 도시로 내려와 적응해 살아가는 경우가 가끔 있다. 영국 주택가에서 흔히 목격되는 붉은 여우는 1990년대까지 약 3만여 마리가 도시에서 생활했지만 현재는 15만 마리 이상이 도시에 서식하고 있다. 주로 쓰레기 더미를 뒤져 살아가는 이들은 먹이를 사냥할 필요가 없어져 개처럼 주둥이가 짧아지고 뇌가 작아지고 사람을 두려워하지 않게 됐다. 오래전 회색 늑대가 개로 길들여졌듯이 붉은 여우도 인간과 함께 살아갈 수 있도록 진화한 것이다.

하지만 도시는 여전히 대부분의 야생동물에게 위험천만한 곳이다. 지금도 로드킬 당하거나 쥐약을 먹거나 전염병에 노출돼 수많은 작은 생명이 허망하게 사라지고 있다. 코알라는 호주를 상징하는 동물이지만 개발로 인해 서식지를 잃고 도시에 적응할 수도 없어 멸종 위기종이 됐다. 우리 도시는 살길을 찾아 도시로 내몰린 야생동물들을 수용할 준비가 전혀 되어 있지 않다. 서식지를 보호하는 것이 최우선이지만 장기적으로 도시와 자연의 경계를 허물어 도시를 야생화하기 위해서는 야생동물과 평화롭고 안전하게 공생할 수 있는 환경을 마련하는 것이 시급하다.

안타까운 소식은 뉴요커 플라코가 지난 2024년 2월

맨해튼 어퍼 웨스트사이드 어느 건물에 부딪혀 짧은 생을 마감했다는 것이다. 도심에서 조류 충돌은 흔한 일이다. 투명하거나 반사되는 유리를 벽으로 인식할 수 없는 새들이 방음벽이나 창문 등에 충돌해 죽는다. 우리나라도 매년 약 8백만 마리의 조류가 사람들의 무관심 속에 충돌로 희생되고 있다. 환경 단체와 시민사회의 노력으로 2023년 6월부터 투명 창에 조류충돌방지 스티커를 의무적으로 설치하도록 야생동물보호법이 개정, 시행됐지만 설치 대상이 공공 건축물에 한정돼 실효성이 크게 떨어진다. 플라코의 죽음은 야생동물을 포획해 감금하고 있는 동물원과 동물을 구경거리로 소비하고 있는 관람객들에게 일차적 책임이 있지만 아무 준비 없이 위험한 환경에 야생동물을 노출시킨 익명의 우리 훼손인과 그 지지자들, 위험한 도시환경을 알면서도 방치한 정치인과 행정가들에게도 책임이 있다.

하지만 동물권과 동물복지에 대한 시민들의 인식이 동물원이라는 근대적 시설의 완전한 폐지로 이어지기엔 아직 한계가 있고 조류충돌방지 스티커 부착 같은 단순한 행정 조치도 시행에 어려움을 겪고 있다. 다행히 우리나라는 2023년 12월 「동물원 및 수족관의 관리에 관한 법률」과 「야생생물 보호 및 관리에 관한 법률」을 개정해 동물원과 수족관의 설립을 등록제에서 허가제로 전환하고 설립요건과 관

조류친화건축물로 선정된 오동숲속도서관

조류충돌방지 스티커가 설치된 창문, 오동숲속도서관

리감독 의무를 강화했다. 동물원을 당장 폐지하지 못한다면 동물 복지를 위한 최소한의 법적 보호 장치라도 갖추자는 시민사회의 주장이 작은 결실을 맺은 것이다. 나와 생각이 다른 상대를 설득해 공존을 위한 최선의 타협안을 마련하는 과정이 정치라면 환경 운동에는 더 많은 정치가 필요하다.

볼륨을 높여요

1995년 영국 BBC 라디오 제4채널 〈라이스 강연〉에서 건축가 리처드 로저스가 '지속 가능한 도시'를 주제로 5회에 걸쳐 강연을 했다. 이 프로그램은 주요 공공 이슈에 관한 일반인들의 이해를 돕기 위해 1946년부터 시작된 공영 방송으로 미래에 다가올 거대한 환경재앙을 예고한 그의 강연은 당대 시민들에게 큰 충격을 줬다. 그는 강연에서 인구, 자원, 환경이라는 세 가지 변수가 생명체처럼 조화롭게 작동했던 도시 문명은 번영을 누렸지만 조화를 상실한 문명은 결국 비참한 운명을 맞았음을 강조했다. 인류는 산업화 이후 전 지구적 규모의 도시 문명을 창조하며 계속 성장해 왔다. 하지만 무한한 소비와 탐욕을 추구한 약탈적 경제성장은 파괴적인 인구 폭발, 무분별한 도시화, 자원고갈과 환경 훼손 등을 일으켰고 이제는 인류의 생존까지 위협하고 있다. 그는 가용 가능한 모든 자원과 에너지를 투입해 생산, 소비하고 막대한 폐기물을 배출하는 선형대사 도시Linear Metabolism City를 '사용-재사용'으로 구성된 순환대사 도시 Circular Metabolism City로 전환해 투입, 배출을 최소화하고 지구 환경에 미치는 영향을 획기적으로 줄여야 한다고 주장했다. 인간의 정주지인 도시를 성장시키기 위해 자연을 착취하는 일방적 방식은 더 이상 지속 가능하지 않다는 것이다. 그는 기후위기의 원인을 인간 활동으로 특정하고 변화를 요구했는데 지금은 인류세Anthropocene라는 용어가 보편화됐지만 1995년 당시에는 인간 활동이 지질 시대를 구분할 정도로 지구 생태계에 심각한 영향을 주고 있다고 대부분 생각지 못했다.

그가 보기에 도시문제는 기후위기뿐만 아니라 사회문제와도 밀접한 관계가 있었다. 예를 들어 주거, 노동, 여가 등 단일용도로 도시를 몇 개의 지역으로 나눠 관리하는 용도지역지구제와 단기 투기자본이 선호하는 단일용도 건물의 공급은 지역 간 교통체증을 유발해 과도한 에너지를 소비하고 공기를 오염시키지만 동시에 공동체의 결속에 필수적인 열린 공유공간, 즉 아이들의 놀이터이자 지역주민들의 회합 장소였던 광장과 거리를 자동차 도로와 주차장으로 채우고 주민 간 접촉을 감소시켜 커뮤니티를 와해시킨다. 도로 교통량이 증가할수록 안면 있는 이웃의 숫자와 이웃 방문 횟수가 줄어든다는 샌프란시스코의 연구 결과는 이동성에만 초점을 맞춰 개발된 자동차 도로망이 시민들을 고립시키고 공동체감을 소멸시킨다는 것을 보여준다. 열린 공유공간이 줄어들고, 공유공간 간의 연결이 단절되고, 외부인의 출입을 차단하는 빗장공동체Gated community가 늘어날수록 도시는 게토화, 파편화된다. 결과적으로 이러한 근대적 도시구조는 소외, 불안, 차별, 범죄, 양극화 등의 사회 문제를 악화시킨다. 공적 생활과 대면 활동에서 얻을 수 있는 삶의 활기와 영감이 사라지고 각자도생하는 자폐적 개인만 남게 되는 것이다.

2021년 타계한 로저스는 2007년 프리츠커상 수상자로, 하이테크 건축을 대표하는 파리 퐁피두센터와 런던 로이드빌딩의 설계자로 널리 알려졌지만 1991년 건축가로서의 공로를 인정받아 엘리자베스 2세 여왕에게 기사 작위를 받고 영국 귀족원 상원의원으로 재직한 정치인이기도 하다. 그는 1997년 노동당 집권 당시 정부 어번 태스크포스의 수장으로 도시정책을 주도했으며 2000~09년 수도 그레이트 런던의 도시건축계획위원회 위원장으로 막대한 영향력을 행사했다. 당시 발간된 「도시 르네상스를 향하여Towards an Urban Renaissance」(1999)라는 연구 보고서와 BBC 강연을 책으로 출판한 『작은 행성을 위한 도시Cities for a Small Planet』(1997) 등은 영국 도시계획 정책의 모태가 됐으며 도시를 기능과 효율, 경제성이 아니라 생태적으로 사회문화적으로 다시 생각하는 계기를 마련했다. 그는 지속 가능한 도시를 정의로운 도시, 아름다운 도시, 창조적인 도시, 환경친화적인 도시, 교신과 이동이 자유로운 도시, 밀집되고 다중심적인 도시, 다양성이 있는 도시로 정의했다. 이러한 조건들은 모두 인간이면 누구나 당연히 누려야 할 기본 인권이라는 관점에서 제시된 것들이다. 예를 들어 인간은 빈부에 상관없이 누구나 깨끗한 공기와 물, 기름진 땅을 누릴 환경권을 가진다. 그는 건물을 설계하는 건축가 이전에 도시와 인류의 미래에 대해 고민하고 적극적으로 행동하는 실천적 지식인이었다.

1가구 1주택 vs. 지역사회권

판교 운중동과 강남 세곡동에는 일본 건축가 야마모토 리켄山本理顯이 설계한 공동주택이 있다. 두 건물 모두 준공 당시 큰 화제를 모았는데 먼저 백 세대 규모의 저층 집합주택인 판교 타운하우스는 열에서 열세 개 세대가 공유하는 마당에서 실내가 투명하게 비치는 유리 현관이 설치됐기 때문이었다. 이름은 현관이지만 사실 여기서 현관은 신발을 놓아두는 작은 공간이 아니라 현관문이 있는 한 개층 전체를 말한다. 세 개 층 주택에서 한 개 층 전체가 통유리로 공용 마당에 노출되어 접해 있고 거실, 식당, 침실 등은 나머지 층에 분산되어 있다고 생각하면 된다. 이 유리 현관층은 내부에서 생활하는 가족만을 위한 공간이 아니라 이웃에 개방해 그들과 함께 사용할 수 있는 반半공공적 공간으로 세대에 따라 응접실이나 놀이방, 전시장, 파티룸, 작업장 등으로 꾸며 이웃들을 초대할 수 있다. 이 건물은 분양 당시 사생활 침해 논란으로 미분양됐고 입주 후에도 일부 주민들이 이탈했지만 새로운 삶의 방식, 친밀하고 개방적인 공동체라는 이상을 수용한 대다수 주민들은 성숙하고 발전된 커뮤니티를 만들어 지금도 생활하고 있다. 입주 10년 후 주민들은 건축가 야마모토를 초대해 마을회관에서 작은 파티를 열었다.

강남 세곡보금자리주택은 1천여 세대 규모의 LH임대아파트지만 판교 타운하우스와 유사하게 유리로 된 현관과 커먼 필드라고 불리는 공용 마당을 가지고 있다. 이 마당에 접해 있는 건물 저층부에는 주민들이 공동으로 사용하는 주방, 도서관, 어린이집, 체육관, 노인정 등 커뮤니티 시설이

판교 타운하우스(위)
강남 세곡보금자리주택(아래)

설치되어 전체 공동체의 중심이 되도록 구성했다. 또한 건축가는 마당을 중심으로 양쪽에 각 세대로 진입하는 복도를 배치해 주민들이 집 앞에서 서로를 마주보게 만들었다. 주민들이 오가며 자연스럽게 인사하고 서로를 돌볼 수 있도록 의도한 것이다. 하지만 이 건물 역시 준공 초기에는 사생활 침해 논란으로 언론의 뭇매를 맞는 홍역을 치러야만 했다.

두 사례뿐만 아니라 다른 공공주택 프로젝트에서도 야마모토는 사생활과 보안이 최우선이라는 사회통념에 맞서 개방적이고 친밀한 공동체를 만들기 위해 고군분투해왔다. 그는 전후 경제성장기 정부가 주택 공급을 경제 성장의 도구로 사용하며 1가구 1주택이라는 체제가 정착됐지만 저출산, 저성장, 초고령화 시대에는 가족 돌봄과 사회보장제도에 의존한 4인 가구 시스템이 더 이상 제 기능을 하지 못한다고 말한다. 표준화된 주택을 민간에서 대량 공급하는 기존 주택정책은 지역사회와 단절된 밀실화된 주택에 개인을 고립시키고 주택을 주식처럼 쉽게 사고팔 수 있도록 해 주택의 증권화를 가속시켰다.* 어떤 지역이나 장소에 어떤 건물이 들어서야 하고 또 어떤 사람들이 어떻게 모여 살아야 하는지에 대한 진지한 고민 없이 언제든지 현금화할 수 있는 부동산 자산을 일방적으로 공급해온 것이다. 소유와 거래를 위해서는 주택의 밀실화와 증권화, 즉 사생활과 보안이 유지되는 패키지 상품으로서의 주택계획이 필요했다. 이는 정부 주도의 인구정책과 경제성장, 개발업자들의 탐욕이 맞아떨어진 결과였다.

그는 1가구 1주택의 대안으로 지역사회권이라는 개념을 제안한다. 지역사회권은 약 5백 명 규모의 상호의존적이고 개방적인 공동체로 1인 가구를 포함한 다양한 형태의 가구가 하나의 마을을 이뤄 공동생활을 한다. 1가구 1주택이 정부 규제와 4인 가구의 소비생활에 의존했다면 지역사회권은 상호부조와 지역 내부의 작은 공유경제권에 의해 유지된다. 생활 지원과 공동체 시설을 집약한 소규모 자립형 커뮤니티는 변화에 유연하게 대응할 수 있고 행정 비용과 유지관리 비용을 절약하며 기존 사회보장제도의 맹점을 보완할 수 있다. 가령 마을에서 동떨어진 단독주택에 홀로 거주하는 고령자가 행정기관에 생활지원을 요청할 경우 과도

- 주택 시장의 중요한 지표로 사용되는 국민은행 KB시세는 매달 전국의 아파트 단지를 시가총액 순서대로 나열해 KB선도아파트50지수를 발표한다. 2025년 2월 기준 시총 1위는 송파구 가락동 헬리오시티로 시가총액이 18.39조 원이다. 50개 단지 모두 서울시에 집중되어 있고 전체 시가총액은 377조 원에 이른다(삼성전자의 시가총액은 동 기준 약 340조 원이다). 이 아파트 단지들은 미국 다우존스지수에 포함된 대형주 30개 회사처럼 시장을 선도하는 우량주들이다.

한 행정 비용이 발생하고 지원조건 평가와 절차에 따라 일정 기간이 소요되며 맞춤형 서비스를 제공하기가 어렵지만 지역사회권에서 고령자를 잘 아는 주민들이 중간자 역할을 하면 이런 문제를 쉽게 해결할 수 있다. 또한 지역사회권은 지역 내에서 신재생에너지와 소규모 가스병합발전 등으로 직접 에너지를 생산하고 관리하는 에너지 자립을 목표로 한다. 1가구 1주택은 백 킬로미터 이상 떨어진 발전소에서 에너지를 수급하는데 장거리 송전으로 인한 전력손실과 송전탑 같은 송배전 시설의 설치로 인한 환경파괴가 심각하다. 서울의 전력자립률은 9퍼센트에 불과하고 대부분의 전력을 인천과 충남 지역 등에서 수급하고 있다. 지역사회권에서 5백 명이라는 규모는 에너지를 탄력적으로 생산하고 폐열에너지를 재사용하며 1인당 에너지 소비량을 최소화할 수 있는 적정 규모다. 에너지뿐만 아니라 보육, 교육, 보건, 의료, 교통 등의 측면에서도 생활 조건을 최적화할 수 있다. 이 글을 쓰는 동안 미국의 하얏트 재단은 2024년 프리츠커상 수상자로 야마모토를 지명했다. 그간의 사회적 공로를 인정받은 것이다.

벽돌과 모르타르로 행하는 정치

독일의 사회학자 울리히 벡Ulrich Beck은 "건축가들이 미학적 목표만을 마음속에 그리고 있더라도 건축은 벽돌과 모르타르•로 행하는 정치이다"라고 말했다. 정치가 국가권력을 의미하든 계급투쟁이나 포괄적 인간 활동을 의미하든 이 명제는 언제나 타당하다. 역사 이래 건축은 국가권력과 이데올로기의 물리적 현현으로, 선전의 도구로 사용되어왔고 집단과 사회에 내재한 힘의 관계를 직간접적으로 표현해왔기 때문이다. 나치가 모더니즘을 퇴폐 미술로 간주하고 신고전주의 양식을 국가적 상징으로 선택한 것이나 미국의 국부들이 새로운 민주공화국의 이상을 표현하기 위해 유럽과 차별화된 고대 그리스 양식을 장려한 것, 오늘날 국회의사당, 법원, 대통령 관저 등의 주요 국가시설이 국민으로부터 위임받은 권위와 질서를 표현하기 위해 장대한 형태를 유지하는 것 등은 건축의 정치적 성격을 보여준다. 이러한 거시적 차원뿐만 아니라 일상에서의 미시적 관계, 예를 들면 이웃과 맞닿은 창문의 크기나 담장의 높이 등을 결정하는 것도 일종의 생활정치라고 할 수 있다.

• Mortar, 시멘트와 모래를 물로 반죽한 것.

18세기 계몽주의 시대 유토피아를 꿈꿨던 건축가들이나 20세기 모더니즘 건축의 선구자들은 건축을 사회개혁의 도구로 생각했다. 하지만 1970년대 에너지 위기 이후 미래에 대한 낙관적 전망을 상실한 건축가들은 신자유주의적 자본시장의 논리를 무비판적으로 수용하거나 지극히 개인적이고 파편화된 주제에 몰두하게 됐다. 거대서사가 소멸한 탈정치, 반反정치 시대에 미래를 앞서 이야기하거나 유토피아적 이미지를 제시하는 건축가는 민중을 계몽하려는 정신 나간 혁명가 또는 철 지난 유행가를 반복하는 퇴물 취급을 받기도 했다. 그래서 당시에는 건축이 왜곡된 현실에 비판적 관점을 견지하기 위해 순수예술과 같이 현실과 무관한 자율적 사물로 존재해야 한다거나 포스트모더니즘의 영향으로 건축이 일종의 대중예술로서 불특정 다수와 쉽게 의사소통해야 한다는 주장 등이 설득력을 얻었다. 건축이 사회문제에 적극적으로 개입하지 않고 자본과 일상의 미학적 놀이로 축소된 것이다.

하지만 무책임한 후퇴의 시간은 그리 오래가지 않았다. 분위기가 반전되기 시작한 건 2000년 베니스 건축비엔날레•였다. 그해 비엔날레 주제는 '덜 미학적인, 더 윤리적인Less Aesthetics, More Ethics'이었는데 서구 주류 건축계에서 미학보다 건축의 윤리적 책임을 강조한 것은 이례적인 일이었다. 아쉽게도 새천년을 열었던 선언적 구호는 아직 현실화되지 못했지만 앞서 소개한 두 건축가의 사례처럼 건축은 천천히 사회적 역할을 회복하고 있다. 다양하고 복합적인 위험이 인류를 위협하고 있는 기후위기 시대에 건축은 더 윤리적이어야 하고 정치적으로 성숙해야 한다.

- 1895년 이탈리아 베니스에서 시작된 베니스 비엔날레는 세계 3대 비엔날레 중 하나로, 홀수 해에는 미술전, 짝수 해에는 건축전을 개최한다(팬데믹 이후 반대로 바뀌었다). 건축전은 1980년 처음 시작됐고 행사에 앞서 발표되는 주제를 다루는 본 전시, 국가관 전시, 특별 전시, 부대 프로그램 등으로 구성된다. 우리나라는 1986년 처음 참가했고 1995년 스물여섯 번째로 독립된 국가관인 한국관을 건립했다. 현재는 약 60여 개국 2백여 명의 작가가 참여하고 있다.

에어컨 없는 삶

기계화에 맞선 유기적 건축의 탄생

뉴욕 구겐하임미술관과 낙수장Falling Water의 설계자로 유명한 미국의 전설적 건축가 라이트는 근대건축의 선구자로 손꼽히지만 20세기 초 유럽을 중심으로 펼쳐진 모더니즘 건축 운동과는 거리가 먼 독특한 인물이었다. 18~19세기 유럽은 상공업으로 부를 축적한 부르주아들이 선호한 낭만주의의 시대였다. 하지만 19세기 말에 이르러 유럽은 독일을 중심으로 산업화에 대응하기 위해 기계화, 표준화, 대량생산 등이 빠르게 진행되고 정치적으로는 계급 타파와 인간 해방을 주장하는 사회주의 사상이 널리 퍼져나갔다. 당시 사회 변화에 민감하게 반응한 모더니즘 건축의 선구자들은 사치스럽고 차별적인 낭만주의 예술을 도덕적으로 타락한 또는 지나치게 개인적이고 주관적이어서 사회 현실과 동떨어진 공상적 놀이로 폄훼했다. 이들은 낭만주의에 맞서 급박한 삶의 문제를 먼저 해결하기 위해 객관적이고 보편적인 사회개혁 운동을 실천했다. 오늘날 신즉물주의로 불리는 1920년대 국제주의 건축 양식이나 기능주의 건축이 이러한 경우다. 지역적 특성과 무관하게 세계 어디서나 누구든 손쉽게 사용할 수 있는 건축 기술과 해법을 제공하는 것이 이들의 목적이었다.

하지만 라이트의 건축관은 이와 정반대였다. 건물이 자리할 땅의 지형과 풍토를 반영해 자연과 조화하는 '유기적 건축'을 평생에 걸쳐 주장하고 실천했다. 현대건축에 큰 영향을 미친 유기적 건축의 핵심 개념은 연속성이다. 그는 빅토리아 시대 건물을 폐쇄적인 상자라고 비난하며, 벽은 상자를 에워싸는 불투명한 경계가 아니라 일종의 반투명한 스크린이 되어 공간을 상호관입시키고 연결해야 한다고 생각했다. 이러한 연속성은 건물 내부와 내부, 내부와 외부 사이의 관계에 모두 해당한다. 당시 건물 안의 방들은 지나치게 독립적이어서 커다란 상자 안에 담긴 여러 개의 작은 상자들에 불과했다. 라이트는 단절된 방들의 관계를 회복하기 위해 가족들이 함께 사용하는 거실, 식당, 주방, 응접실, 홀 등을 느슨하게 혹은 긴밀하게 하나의 공간으로 연속시켰다. 건물 내부와 외부의 관계에서도 여러 개의 상자형 덩

폭포 위에 지어진 카우프만 주택 낙수장, 1939

프레리 주택 양식을 대표하는 로비 하우스, 1909

어리를 중첩시키고 요철을 만들어 내부와 외부가 만나는 접점을 늘렸다. 내부와 외부 사이에는 수평으로 길게 뻗어 나온 캔틸레버* 지붕과 처마 달린 발코니, 테라스 등을 설치해 공간의 전이에서 생기는 충돌을 부드럽게 완화시켰다. 자연으로 크게 조망을 열어주는 수평창과 모서리 창은 상자에 뚫린 구멍이 아니라 그 자체로 하나의 투명한 스크린이었다. 공간의 연속성과 개방성은 건물의 형태를 기하학적으로 단순화하고 불필요한 장식과 의장을 제거함으로써 강조됐다. 수평성과 내외부 공간 사이의 연결을 강조한 프레리 주택Prairie House이나 미국 서민층을 위해 프레리 주택을 경제적으로 변형한 유소니언 주택Usonian House 등은 유기적 건축의 결과물이었다.

그는 중세 고딕부흥을 주장한 존 러스킨과 초월적 자연주의 사상가 에머슨의 책들을 탐독하며 자연주의 사상을 배웠다. 하지만 이를 유기적 건축으로 구체화할 수 있었던 계기는 1893년, 스물여섯 살에 시카고 만국박람회 일본관에서 동양의 목구조 건물이 가진 완전한 개방성과 공간

● 한쪽 끝은 고정하고 반대편 다른 쪽 끝은 기둥이나 벽으로 받치지 않은 채 공중에 떠 있는 보의 형태. 외팔보라고도 한다. 시각적으로 가벼운 무중력을 표현하기 때문에 건축뿐만 아니라 교량, 가구, 항공기, 제품 디자인 등 다양한 분야에서 사용된다.

적 유연성을 경험한 것이다. 사실 일본 전통 건축의 개방적 구성은 연중 내내 고온다습하고 비가 많이 오는 아열대성 습윤 기후에서 건물의 유지관리와 거주자의 쾌적성을 위해 환기가 무엇보다 중요했기 때문이지만, 라이트는 거기서 내외부의 경계가 모호하게 상호관입하는 공간의 연속성을 봤다. 귀족적 야요이 문화의 산물이었던 조형의 단순성, 불필요한 요소를 생략함으로써 얻어지는 여백의 미 역시 자연을 바라보는 동양 고유의 가치로 받아들여졌다. 또 그는 노자의 『도덕경』에서 비움으로써 채워지고, 존재와 비존재는 서로 긴밀하게 연결되어 있다는 동양사상을 배웠다. 『도덕경』 11장 「없음의 쓸모」에는 "문과 창을 뚫어 방을 만드는데 그 가운데 아무것도 없음으로 인해 방의 쓸모가 생긴다"라는 구절이 있다. 그릇이 비어 있기에 물을 담을 수 있듯이 건축도 하나의 '사물object'이 아니라 사물의 나머지, 즉 빈 공간을 만드는 데 근본적 가치가 있다는 가르침이다. 라이트는 이 공간이 자유롭게 흐르며 연결되고 서로 관계를 맺을 때만 의미 있다고 생각했다. 상호의존성이 공간에 생명을 불어넣는 것이다.

공간의 기밀화와 에어컨의 발명

하지만 불행하게도 지난 반세기 건축의 역사는 라이트의 유기적 건축이 아니라 자본시장과 상업화가 요구한 공간의 밀실화와 기밀화로 귀결됐다. 밀실화는 공과 사의 구분, 사생활 보호, 사회적 구별 짓기의 도구로 사용됐고, 기밀화는 그렇게 밀실화된 실내를 외기로부터 차단해 실외 기후와 무관하게 언제나 거주자의 열적 쾌적성을 유지하기 위해 생겨났다. 오늘날 대부분의 선진국에서는 단열과 기밀을 이용해 건물을 일종의 보온병처럼 감싸고 냉난방 공기조화 설비로 실내 기후를 인공적으로 조절하고 있다. 백화점, 마트, 극장 등의 다중이용시설뿐만 아니라 일반 가정집도 마찬가지다. 도시구조와 건축환경 모두 관계보다는 고립을 지향한다.

실내 기후의 통제는 기술적으로 에어컨의 발명에 크게 빚지고 있다. 현대식 전기 에어컨은 1902년 뉴욕에서 윌리스 캐리어가 처음 발명했지만 그 시초는 1833년 플로리다 주에서 말라리아 환자를 치료하던 내과의사 존 고리John Gorrie가 발명한 증기압축식 냉각장치다. 당시엔 말라리아가 덥고 축축해 부패한 공기로 인해 발생하므로 실내를 냉각하고 습도를 조절하면 말라리아를 퇴치할 수 있다고 믿었다. 그는 더운 지역도 추운 지역과 마찬가지로 건물을 단열, 기밀하고 에어컨으로 실내 기후를 조절해야 한다고 주장한 최초의 인물이다. 하지만 당시 그의 주장에 관심을 가진 사람은 없었다. 더운 지역에서는 원래 땀이 나기 마련이고 사람들은 오랫동안 이를 자연스럽게 받아들여 왔기 때문에 냉방의 필요성을 크게 느끼지 못했다. 실내 기후는 긴 지붕 처마, 커다란 포치, 땅에서 들어 올린 바닥, 굴뚝 효과를 이용한 환기구처럼 지역별 기후에 최적화된 전통 건축 기법으로 충분히 조절됐다.

쾌적 냉방*에 길들여진 현대인은 믿기 힘들겠지만, 문화비평가 에릭 딘 윌슨Eric Dean Wilson은 지구 환경에 파괴적 영향을 미친 프레온 가스의 문화사를 다룬 『일인분의 안락함After Cooling』(2021)에서 에어컨의 보급은 열적 쾌적성을 원하는 사람들의 요구보다 생산성을 향상하려는 자본가들의 공업적, 상업적 목적에 의해 일방적으로 강요된 측면이 크다고 지적한다. 캐리어의 현대식 에어컨은 건물 거주자의 안락함이 아니라 인쇄소에서 높은 습도 때문에 종이가 울고 잉크가 번지는 현상을 막기 위해 개발됐다. 제품

● 일반 냉방은 단순히 실내 온도를 낮추는 데 초점이 맞춰져 있지만 쾌적 냉방은 온도뿐만 아니라 습도, 공기 흐름, 열복사 균형 등을 종합 제어해 실내 열환경을 개선한다. 1980년대 인버터 기술의 발전으로 실내 온도를 연속적으로 정밀하게 제어할 수 있게 됐다. 우리나라에서는 2000년대 중반 일반화됐다.

최초로 에어컨이 설치된 업무용 건물 뉴욕증권거래소, 1903

하자율을 줄이기 위한 공업적 목적이었다. 캐리어가 현대식 에어컨을 개발한 같은 해, 설비엔지니어 알프레드 울프 Alfred Wolff는 뉴욕증권거래소에 암모니아를 이용한 재래식 에어컨을 설치했다. 이곳의 대형 홀은 여름철 폭염으로 증권거래인들이 숨쉬기 힘들 지경이었고 거래 정지를 우려한 건축 위원회가 냉방 시스템을 도입한 것이다. 당시 기록을 보면 위원회는 직원들의 건강을 염려한 게 아니라 자본의 흐름이 멈추는 것을 두려워했다.

1920년대 극장에 처음 에어컨이 도입된 이유도 비슷하다. 당시 극장은 가난한 노동자들의 여가 공간이었다. 환기 장치가 있었지만 극장 안의 덥고 습한 공기가 전염병을 옮길 수 있다고 생각한 중산층은 극장에 가길 꺼려했기 때문이다. 극장주들은 중산층을 극장으로 끌어 모으기 위해 에어컨을 설치하고 시원한 아래쪽 객석엔 백인을, 더운 위쪽 객석엔 유색인종을 따로 유치했다. 위생과 쾌적함은 인종과 부에 따라 차별적으로 주어지는 권력이란 걸 보여준 것이다. 1950년대 중반까지 에어컨은 일부 고급 호텔과 백화점 등에만 설치되어 있었다.

냉방 중독, 열적 쾌적성에 대한 오해

1960년대 에어컨이 대중화되기 시작하면서 미개척지로 남아 있던 남부의 더운 지역들이 신도시로 빠르게 개발되기 시작했다. 에어컨의 보급은 근현대 도시사에서 철도 교통망을 연결한 증기기관, 마천루를 가능케 한 엘리베이터의 발명에 버금가는 큰 변화를 가져왔다. 인류 최초로 우주 비행선을 쏘아 올리던 시대에 불가능이란 없어 보였다. 기술과 자본은 한정 없이 사용할 수 있는 지니의 요술램프 같았다.

하지만 에어컨 냉매로 사용되는 프레온 가스는 아무도 모르게 오존층에 커다란 구멍을 내고 있었다. 오존층 파괴로 인해 발생하는 피부암이 유색인종보다 백인에게 치명적이란 사실 덕분에 이례적으로 신속하게 1989년 오존층 파괴물질의 사용을 금지한 「몬트리올 의정서」가 발효되고 프레온 가스는 시장에서 퇴출됐다. 하지만 의정서 발효 후에도 프레온 가스는 10년 가까이 계속 생산됐고 불법 제조와 밀수가 판을 쳤다. 당시 프레온 가스 밀수는 코카인보다 높은 수익을 낼 수 있었다. 그뿐만 아니라 의정서 발효 전 생산된 프레온 가스를 사고파는 건 지금도 합법이다. 다행히 현재 우리가 사용하는 에어컨에는 프레온 가스보다 덜 유해하다고 알려진 신냉매 제품들이 사용된다. 하지만 이들도 여전히 온실효과를 유발하고 있고 프레온 가스와 마찬가지로 잠재적 위험에 대해 완전한 평가가 이뤄지지 않았다.

냉매의 유해성도 문제지만 쾌적 냉방을 위해 사용되는 많은 양의 전기는 여전히 화석연료를 태워 생산된다. 에어컨의 에너지 효율이 크게 개선됐음에도 불구하고 냉방용 에너지 부하는 계속 증가해 전체 건물 에너지 부하의 약 20퍼센트를 차지하고 있다IEA, the future of cooling, 2019. 기술 개발로 냉방 비용이 줄어들자 사람들은 냉방 소비를 늘렸고 유리 커튼월 건물이 보편화됐으며 난방 효율을 높이기 위해 건물을 고단열, 고기밀 시공하면서 창문으로 들어온 태양 복사열이 외부로 빠져나가지 않아 실내 온실효과가 생겼기 때문이다. 여름에는 햇빛을 차단하고 겨울에는 실내로 해가 들도록 외부 차양 장치를 적절히 설치하면 되지만 현대건축에서 차양은 대부분 사라졌다. 에어컨을 켜면 그만이라고 생각한 것이다.

하지만 에어컨은 열을 없애는 게 아니라 잠시 이동시킬 뿐이다. 실내가 시원해지면 실외는 뜨거워지는 악순환이다. 게다가 에어컨이 언제나 거주자의 열적 쾌적성을 보장해주는 것도 아니다. 전 세계 엔지니어들은 미국 냉난방공조학회ASHRAE에서 만든 스탠더드 55라는 열적 쾌적성

지표를 사용한다. 이 지표는 거주자의 80퍼센트 이상이 쾌적함을 느끼는 범위를 나타낸다. 문제는 열적 쾌적성이 개인이나 사회문화적 배경에 따라 편차가 크다는 것이다. 예를 들어 겨울철에 옷을 여러 겹 껴입은 사람은 집 전체를 난방하지 않고 거주자가 주로 생활하는 주변에만 전기난로 등으로 부분 난방을 해도 충분히 쾌적할 수 있다. 각로 위에 이불을 덮는 일본의 전통 코타츠가 이런 방식이다. 그래서 10여 년 전 학회도 스탠더드 55가 지역 문화와 거주유형에 따라 규범으로 적합하지 않을 수 있다고 지침을 수정했다. 현장 조사를 통해 표준적 수치를 제시하긴 하지만 이를 보편적으로 적용할 수는 없다고 인정한 것이다. 거주자의 생활 방식을 고려하지 않고 국가에서 일괄적으로 단열, 기밀 기준을 강제하는 것이 유효한 해법인지는 지금도 논란이 있다.

미국, 일본, 한국의 에어컨 보급률은 이미 90퍼센트를 넘었고 2050년엔 전 세계의 3분의 2가 에어컨을 사용할 것으로 예상된다. 하지만 우리나라 에어컨 보급률은 2000년 기준, 29퍼센트에 불과했다. 1990년대까지만 해도 에어컨 없는 집이 대부분이었고, 여름에는 더위를 식히기 위해 거실에 대나무 돗자리를 깔고 온 가족이 모여 자는 게 자연스러운 풍경이었다. 자동차에 에어컨이 기본 사양으로 설치되기 시작한 것도 불과 30년 전이다. 사무실에서도 마트에서도 지하철에서도 지나친 냉기가 흘러 냉방병을 걱정해야 하는 요즘엔 상상하기 어렵다. 쾌적 냉방에 길들여진 현대인은 기후에 적응해 체온을 유지했던 집단적 삶의 방식을 잊었다. 누구에게나 열려 있는 나무 그늘은 오랜 세월 동안 마을 주민들이 함께 폭염을 피할 수 있는 천연 에어컨으로 기능해왔다. 더위를 개인적으로 해결할 수 있는 파편화된 현대인, 에어컨을 켜고 혼자 도심을 달리는 운전자는 가로에 나무 그늘이 왜 필요한지 이해하지 못한다.

에어컨 없는 세상은 가능할까?

초등학교 때 지구촌 인구가 40억 명이라고 배웠다. 지금은 80억 명이다. 현 추세라면 2050년에는 백억 명에 도달하고 세기말까지 계속 완만히 증가할 것으로 예측된다. 세계 인구와 소비가 증가하더라도 기술 개발로 지구 온난화를 저지할 수 있다고 낙관하는 사람들이 있지만 날로 심각해지는 폭염과 기상 이변은 기술이 발전하는 속도보다 지구가 열대화Global Boiling되는 속도가 빠르다는 걸 보여준다. 소비의 총량을 줄이지 않으면 기술만으로는 파국을 막을 수 없다.

얼마 전 개막한 2024 파리올림픽 운영위원회가 탄소 배출 저감을 위해 선수촌에 에어컨을 설치하지 않겠다고 하자 실효성 없는 환경 캠페인 때문에 불쌍한 선수들만 고생한다는 비판이 쏟아졌다. 수년 동안 올림픽을 준비해온 선수들이 에어컨 때문에 경기를 망칠 수도 있다며 분노하는 사람도 있었다. 기후위기를 바라보는 사람들의 시선은 극과 극으로 분열되어 있다.

1980년, 우리나라는 오일 쇼크로 인한 전 세계적 에너지난 대처를 위해 여름철 공공기관 실내 기준 온도 28도를 처음 도입했다. 하지만 당시엔 불만이 크지 않았다. 에어컨이 보편화되지 않아 28도를 그리 덥다고 느끼지 않았고 폭염 일수도 지금보다 적었으니 말이다. 1990년대 들어 에너지 수급 사정이 나아지자 정부는 기준 온도를 26도로 낮췄고 에어컨도 빠르게 보급되어 사람들은 쾌적 냉방에 익숙해졌다. 하지만 2010년 정부는 전력난 해소와 탄소 배출 저감을 위해 다시 기준 온도를 28도로 올렸다. 그런데 이번에는 28도가 너무 덥다는 사람들의 불만이 쏟아졌다. 기준 온도를 지키지 않으면 법적으로 과태료를 부과해야 하지만 결국 정부는 시설 용도와 상황에 따라 실내 온도를 탄력 운영하라며 한발 물러섰다. 사실상 28도는 상징적 캠페인에 불과하다. 정부가 사회 변화와 사람들의 생활 방식을 고려하지 않고 일방 행정을 했기 때문이다. 불필요한 다툼을 피하려면 규제에 앞서 사회적 공감대와 실효성 있는 대안이 마련되어야 한다.

이런 점에서 스위스의 사례는 우리에게 시사하는 바가 크다. 스위스는 전체 발전량에서 신재생에너지가 80퍼센트, 원자력이 19퍼센트를 차지해(2021년 기준) 화석연료로부터 벗어난 청정에너지 국가임에도 불구하고 탄소중립을 위한 환경규제를 세계에서 가장 강력히 시행하고 있는 나라 중 하나다. 공공기관의 기준 온도가 철저히 준수되고, 에어컨을 대체할 수 있는 냉방장치가 대중화되어 있고, 수영장에서 온수 풀 사용이 금지되어 있고, 난방용 가스 배급제도 시행 중이다. 일회용품 사용과 화석연료 차량의 도심 진입도 금지다. 스위스도 일부 시민들의 불만이 있지만 오랜 토론과 타협을 통해 공익을 위해 불편을 감수하겠다는 사회적 공감대가 형성되어 규제가 대체로 잘 작동하고 있다. 오염자 부담 원칙에 따라 탄소세를 부과하고 그 환경부담금을 전 국민에게 다시 균등 분배해 에너지 절약과 경제 발전, 소득 재분배를 동시에 유도하는 혁신적인 생태 배당 제도도 시민들의 지지를 받고 있다.

누구도 피할 수 없는 위험

기후 저널리스트 제프 구델Jeff Goodell은 『폭염 살인The Heat Will Kill You First』(2023)에서 우리에게 닥칠 가장 치명적이고 현실적인 위험으로 폭염 기간 동안 대규모 정전으로 에어컨을 가동하지 못하는 상황을 꼽는다. 에너지 절약을 위해 고단열, 고기밀 시공된 현대건축물들이 순식간에 대류식 오븐으로 변해 생명을 위협하기 때문이다. 최근 몇 년 사이 40도 넘는 폭염이 몇 주간 지속된 미국 선벨트* 지역에선 실제 정전으로 인한 사망 피해가 다수 발생하기도 했다. 연구에 따르면 미국 피닉스에서 폭염과 함께 5일간 정전이 발생하면 최초 48시간 동안 1만 3천 명이 사망할 것으로 예측됐다. 정전의 원인은 유지보수공사 사고, 변전소 화재, 폭염으로 인한 전력 피크 초과, 전쟁, 해커의 공격 등 다양하다. 우려스러운 건 우리가 오랜 기간 프레온 가스로 인한 피해를 몰랐듯이 어떤 잠재적 위험이 어떤 계기에 의해 실제로 발생할지 예측하기가 굉장히 어렵다는 것이다. 지난 7월 전 세계 항공, 증권, 방송, 통신, 의료 시스템 등을 일시에 마

● 미국 남동부와 남서부에 걸쳐 뻗어 있는 지역으로 사막, 반사막, 지중해, 아열대, 열대기후 등이 다양하게 나타난다. 쾌적한 기후와 베이비붐 세대의 은퇴가 맞물려 제2차 세계대전 이후 상당한 인구 증가가 있었다. 정치분석가 케빈 필립스가 1969년 처음 사용한 용어다.

비시킨 마이크로소프트 보안 업데이트 오류 사고는 이런 위험을 단편적으로 보여준다.

우리나라는 아직 폭염으로 인한 피해를 심각하게 인식하지 못하지만 유럽에서는 2003년 폭염으로 약 7만 명이 사망했고 2019년엔 전 세계적으로 약 50만 명이 폭염으로 사망했다. 50만 명은 김포, 시흥, 안양 등 수도권 주요 도시의 인구와 비슷하다. 보수적으로 직접 피해자만 추산한 수치라 실제로는 이보다 훨씬 많은 사람이 사망했을 것이다. 유럽 코페르니쿠스 기후변화 서비스는 지난 2024년 7월 22일 세계 지표면 평균 기온이 17.15도를 기록해 기상 관측 사상 가장 뜨거운 날이었다고 발표했다. 이 기록은 지금도 연일 갱신되고 있다. 기상청은 우리나라에도 올여름 기록적인 폭염이 닥칠 것으로 예보했다. 지구는 말 그대로 끓어오르고 있다. 문제는 이런 폭염이 식량 부족, 전염병 확산, 해수면 상승, 난민 발생 등처럼 점진적으로 진행되지 않고 우리가 적응할 시간 없이 극단적 기상 이변으로 나타난다는 것이다. 미국과 유럽에선 하루 만에 기온이 20도 이상 치솟거나 반대로 급락하는 경우가 속출하고 있다. 극단적 기상 이변은 앞으로 더욱 빈번하고 가혹해질 것이다.

하지만 우리는 아직도 기술과 자본을 이용해 자연을 관리하고 통제할 수 있다는 지나친 자기확신을 갖고 있다.

생활의 안락함을 위해, 과시적 소비를 위해, 경제적 번영을 위해 개발과 성장을 지속할 수 있다고 믿는다. 기후위기가 문제인 건 알지만 지금 당장 나에게 닥친 일은 아니라고, 그보다 더 시급한 삶의 문제가 산적해 있다고, 기후위기는 기술자들이 알아서 해결할 거라고 외면하고 있다. 기후위기 때문에 생활의 불편을 감수할 생각은 조금도 없다. 맞다. 우리는 지금 모두 같은 배를 타고 폭풍에 맞서 항해하고 있는 건 아니다. 기후위기는 가난한 사람을 먼저 공격하고 부자는 조금 더 오래 살아남을 것이다. 하지만 지구가 유한한 폐쇄계라는 사실은 변하지 않는다. 모든 인간은 그 안에 갇힌 아주 작은 생명체일 뿐 펄펄 끓는 지구의 열기를 피할 수 있는 사람은 아무도 없다.

3장

건축과 사회

전환 시대의 도시건축

항공기는 기차 대비 탄소를 열두 배 더 많이 배출한다. 항공기를 이용한 이동과 물류가 지구를 병들게 하는 것이다. 「세계무역모니터」에 따르면 세계물류량은 2000년 대비 약 두 배 증가했다. 세계가 촘촘하게 연결되고 삶의 편익이 커질수록 지구 열대화는 가속화되고 미래에 우리가 치러야 하는 예측할 수 없는 대가 역시 커진다. 기후위기는 더 이상 우리가 어린 시절 배웠던 '자연을 보호해야 한다'는 당위가 아니라 생존의 문제가 됐다. 이에 유럽 각국은 네 시간 이내 단거리 항공 노선●을 단계적으로 폐지하고 철도 인프라

● 세계에서 가장 붐비는 단거리 항공 노선은 '제주-김포'다. 팬데믹 이후 약간 감소했지만 여전히 항공편 수, 좌석 수 모두 세계 1위다. 관광 수요가 큰 탓이지만 도시의 자족성이 부족한 것도 문제다.

세계에서 가장 붐비는 항공노선 순위

국제/국내선 전체, 2018년 3월 ~ 2019년 2월 (영국 OAG 통계)

노선		항공편수	거리 (miles)
1 제주 - 김포	——————	79,460	282
2 멜버른 - 시드니	—————	54,102	443
3 뭄바이 - 델리	————	45,188	715
4 리우데자네이루 - 상파울루	———	39,747	222
5 후쿠오카 - 도쿄	————	39,406	549

를 확충하기 위해 노력하고 있다. 독일의 루프트한자는 폐지된 단거리 노선을 고속버스로 대체하며 항공사에서 종합교통망 기업으로 탈바꿈하고 있다.

각국 정부와 기업들의 이러한 노력은 2015년 세계 195개국이 체결한 파리기후변화협정에 기반하고 있다. 지구 평균기온 상승을 산업화 이전 대비 1.5도 이내로 제한하기 위해 자율적으로 탄소배출을 감축하고 국제사회가 이를 공동 검증한다는 내용이다. 파리협정 이후 121개 국가가 2050년까지 배출과 흡수를 합친 탄소 순배출량을 제로로 만든다는 탄소중립Net-Zero 선언을 했다. 세계 7위의 온실가스 배출 국가인 우리나라 역시 2021년 10월, 탄소중립목표 기후동맹에 참여했다. 자본시장에서 ESG(환경보호·사회공헌·지배구조)경영이 기업을 평가하는 주요 지표가 되면서 민간 기업들 역시 발 빠르게 대응하고 있다. 온난화의 주범으로 손꼽혀왔던 세계 5대 석유기업 BP를 시작으로 셸, 토탈, 포드, 이케아, 델타항공, 마이크로소프트 등도 탄소중립을 선언했다. 기업들은 탄소 저감을 위한 신기술 개발에 투자하는 한편 항공기를 이용한 출장을 지양하고 서면결재를 없애고 재택근무를 확대하는 등의 방식으로 기업문화를 개선해나가고 있다. 기술을 고도화하는 동시에 삶의 방식을 바꾸는 거대한 전환이 이루어지고 있는 것이다.

건축 역시 2000년대 이후 정부 친환경 정책에 발맞춰 친환경 요소 기술을 개발하고 적용해왔다. 하지만 초기의 친환경 건축은 법에서 정한 단열 기준과 신재생에너지 비율을 정량적으로 충족시키는 수준의 소극적 대응에 그쳤다. 건축의 지속 가능성과 사회적 공헌을 전면에 내세운 해외의 노먼 포스터나 리처드 로저스 건축사무소처럼 전환을 위한 기술적·문화적 역량이 갖춰져 있지 않았기 때문이다. 최근 정부 주도로 시행되고 있는 그린 리모델링이나 도시재생 사업도 마찬가지다. 건축계는 정부 정책과 지침을 뒤따라가며 공공사업을 수주하기 급급하다. 사회와 자본시장에 광범위한 전환이 시작되고 있음을 알아채지 못한 채 말이다.

얼마 전 한 대선 후보가 기업이 사용하는 전력 백 퍼센트를 신재생에너지로 충당하겠다는 RE100 글로벌 캠페인을 몰라 논란이 된 적이 있다.—현재 RE100에 가입한 전 세계 기업은 구글, 애플, GM 등 349개 곳이다.—하지만 RE100을 모르는 건 비단 그뿐만이 아니다. 우리 건축계가 기후 대응에 무심한 이유는 여러 가지겠지만 가장 큰 것은 허물고 새로 짓는 개발 패러다임과 성장 신화가 아직도 도시건축을 지배하고 있기 때문이다. 이는 개발도상국과 선진국 사이에 놓인 우리나라의 과도기적 상황과도 관련이 있다. 세계 10위권의 경제 규모는 이미 오래전에 선진국에 이르렀지만 의식과 태도는 여전히 개도국에 머물러 있는 것이다. 일반적으로 개도국은 선진국이 주도하는 환경규제에 맞서 탄소를 배출하며 개발할 권리를 주장한다. 기후위기의 책임이 지난 세기 막대한 양의 온실가스를 배출하며 성장을 거듭해온 선진국들에게 있다고 보기 때문이다. 이들은 다량의 탄소를 배출하는 자국 산업을 보호하기 위해 선진국들에게 더 큰 책임을 요구하며 개발을 지속한다.

우리나라는 전후 개도국 지위를 계속 유지해오다 2019년, WTO에서 개도국 지위를 포기하고 선진국에 공식 진입했다. 개도국에서 선진국으로 진입한 사례는 대만, 싱가폴, 아랍에미리트 등 소수에 그친다. 국제사회는 선진국에게 국가 위상에 걸맞은 책임을 요구하고 우리는 유럽연합 수준으로 전환을 서둘러야 한다. 지금까지 정부 차원의 장기 로드맵과 제도를 준비하는 단계였다면 이제는 일선 현장의 의식 전환을 바탕으로 실무적 역량을 키워야 할 때다.

    본 주제는 기후 대응이 건축가들의 창작 의지를 제한하는 규제가 아닌 기회와 도전의 장으로서 기능할 수 있는지 그 가능성을 탐색하고 논의를 확장하기 위해 기획되었다.● 근대 이후 건축가는 정해진 기간 안에 주어진 과업을 수행하도록 훈련된 직능인이었다. 하지만 전환 시대에 건축가는 도시건축에 대한 전문지식을 바탕으로 건축물의 전 생애주기를 구성하고 조율하는 코디네이터 혹은 사회구성원 상호 간의 이해와 합의를 도모하는 촉진자facilitator●●로서의 역할을 더 요구받을 것이다. 전환 과정에서 불가피하게 일어나는 충돌을 조정하기 위해 실질적이고 유효한 해법을 제시하는 전문가로서의 건축가다.

- ● 3장의 1~3꼭지는 《건축과 사회》 기획 특집 '전환 시대의 도시건축'을 위한 발제문이다. 특집호에는 36호부터 38호까지 각각 도시, 건축, 사람을 주제로 관련 전문가들의 글이 실렸다.

- ●● 교육청 공간혁신사업인 '꿈을 담은 교실'(꿈담교실)은 학생과 교사가 설계 기획단계부터 참여해 건축가와 함께 공간을 만들어 간다. 사용자참여설계를 위해 워크숍 및 교육과정이 연계되어 있다. 꿈담건축가는 단순히 공간을 계획하는 디자이너가 아니라 의사결정의 촉진자로서 기능한다.

기후 정의와 건축의 미래

국제구호개발기구 옥스팜이 2015년 발표한 자료에 따르면 전 세계 상위 10퍼센트 부유층이 전체 이산화탄소의 절반을 배출하고 소득 하위 50퍼센트는 불과 10퍼센트만을 배출한다. 하지만 파키스탄 대홍수, 반지하의 비극 등에서 보듯 재난으로 인한 피해는 기반시설이 미비한 취약계층에 집중되는 경향이 있다. 이들은 기후 변화에 직접적 책임이 없지만 부유층의 과시적 소비가 야기한 기후 재앙으로 인해 삶이 위태로운 상황에 놓인 것이다. 전 세계 상위 10퍼센트의 부유층이라 하면 남의 이야기 같지만 이미 선진국에 진입한 우리나라는 중산층 이상 인구 대부분이 이에 해당한다. 기후위기는 단순히 지구 온도가 상승하고 변덕스런 날씨에 주말 나들이를 망치는 해프닝이 아니다. 우리는 기후위기의 책임이 누구에게 있으며 그들이 어떻게 행동하는 것이 정의로운지 물어야 한다. 기후위기는 취약계층의 생존권, 주거권, 재산권을 위협하는 인권의 문제이자 정의의 문제다.

선진국의 탄소 배출량은 계속 줄고 있다. 하지만 내용을 자세히 들여다보면 신기술 개발, 환경규제에 의한 감소분과 오염을 가난한 나라에 전가함으로써 얻어진 감소분이 있다. 이들이 쓰레기를 저개발 국가에 수출하거나 친환경 주요 설비를 개도국에서 생산하기 때문이다. 넷제로 에너지 건물을 만들어 친환경 인증을 받았더라도 오염은 사라진 것이 아니라 외부화된 것뿐이다. 중국의 광산에서 엄청난 양의 알루미늄을 채취해 다량의 온실가스를 배출하는 석탄화력 발전으로 태양광 패널을 생산하고, 기차 대비 열두 배 많은 탄소를 배출하는 항공으로 국내 운송해 20년간 운전 후 폐기 처리한다면 이 과정에서 발생한 탄소량은 얼마나 될까? 국산의 경우 4백 와트 태양광 패널 한 장을 생산하는 데 약 7백 킬로그램 이산화탄소 퍼 킬로와트($kgCO_2$/kW, 1킬로와트당 배출되는 이산화탄소)의 탄소가 배출된다. 이는 30년생 소나무 105그루가 1년간 흡수하는 탄소량과 같다. 단독주택에서 주로 사용하는 5킬로와트 규모 태양광 패널을 설치하려면 4백 와트 패널 열세 장이 필요하니 소나무 105그루가 13년간 흡수하는 탄소량이 된다. 하지만 자료를 공개하지 않는 저가 중국산 패널은 생산과정에서 국산이나 유럽산보다 두 배 이상 탄소를 배출해 이를 운용하더라도 충분한 탄소 저감효과를 기대하기 어렵다고 알려져 있다. 운송, 설치, 폐기 처리 과정에서 발생하는 탄소와 오염을 고려하면 피해는 더 커진다. 하지만 가격 경쟁력을 무기로 중국은 세계 태양광 시장의 80퍼센트 이상을 장악하고 있고 점유율은 계속 올라가고 있다.

결국 정의에는 비용이 따른다. 탄소 배출 원인자, 즉 건설 사업의 주체가 비용을 투입해 탄소 배출량이 적은 양질의 제품을 선택해야 하고, 유럽에서 시행 중인 '탄소세'를 도입해 원인자로 하여금 환경비용을 부담케 해야 한다. 친환경 기술과 산업 환경이 성숙할 때까지 정부 지원도 계속되어야 한다. 하지만 산업 경쟁력 약화를 우려한 정부는 여전히 규제에 미온적이고 시장은 비용 절감과 이윤 극대화에 몰두하고 있다. 탄소중립, 불평등 해소보다 경기 부양에 치우친 그린뉴딜 정부 보조금은 눈먼 돈으로 새어나갔고 태양광 사업자들이 배를 불리는 사이 국토는 난개발로 유린당했다. 기업들이 탄소배출권을 자유롭게 사고팔 수 있게 한 '탄소배출권거래제'가 제구실을 하지 못하는 이유도 이와 같다. 시장이 초래한 환경 문제를 시장 논리로 접근했기 때문이다.

난개발되고 있는 태양광발전, 전북 장수군, 2019

지금까지 건축에서 친환경은 신기술을 통한 에너지 소비량 및 탄소 배출량 저감을 의미하는 경우가 많았다. 여기에는 건축이 지속 가능한 수단에 의해 개발과 성장을 계속 추구해야 한다는 전제가 놓여 있다. 하지만 오늘날 우리가 직면한 극단의 기후위기는 '지속 가능한 개발'이 한계에 다다랐으며 이제는 '성장 없는 번영'에 대해 이야기할 시점이 도래했음을 알려준다. 우리는 인류의 번영을 다시 정의해야 하고 그 과정은 정의로워야 한다. 물질이 늘어나지 않아도, 경제성장률●이 정체되어도 삶의 의미와 가치가 풍부해지는 진정한 삶이란 무엇일까? 현대사회를 지배하는 무제한의 '욕망'을 적정 수준의 '필요'로 되돌리는 것은 불가능할까? 지금 건축은 무얼 해야 할까?

건축에서 창조는 파괴를 전제로 한다. 건물을 짓기 위해서는 땅을 훼손해야 하고 목재를 얻기 위해서는 벌목을 해야 한다. 때로는 인테리어를 새로 한다고, 용도가 바뀌었

● 경제성장률을 평가하는 기준으로 주로 사용하는 국내총생산(GDP)는 가치판단이 배제된 양적 지표다. 교통사고, 범죄, 환경파괴 등의 부정적 영향을 반영하지 않기 때문에 피해복구 비용이 오히려 국내총생산 증가로 나타난다. 가사노동도 마찬가지로 부모가 자녀를 직접 돌보면 국내총생산은 증가하지 않지만 자녀를 보육시설에 보내면 국내총생산이 증가한다. 따라서 국내총생산이 정체되어도 소득분배가 개선되고 보육, 교육, 의료, 복지, 에너지 등의 분야에서 성장이 이뤄지면 삶의 질이 올라가고 사회도 번영할 수 있다. 성장을 재구성하는 것이다.

다고, 수익성이 떨어진다고 멀쩡한 건물을 허물기도 한다. 소비사회에서 살아남은 '건축'은 연대하기보다 경쟁하고, 돌보기보다 차별하고, 나누기보다 독점하며 상품으로서의 배타적 지위를 공고히 해왔다. 하지만 전환 시대의 건축은 달라져야 한다. 자연에 미치는 영향을 최소화하기 위해 불편함을 감수해야 하고, 개발로 인한 부정적 외부효과를 예측해야 하며, 윤리적 삶에 대해 고민해야 하기 때문이다. 위기가 가시화될수록 사회는 건축인들에게 더 큰 책임을 요구할 것이다. 전환 시대에 건축은 어떻게 살아남을 수 있을까? 창의와 애정으로 숙련된 건축가들의 도전과 실천이 필요하다.

성장과 번영을 위한 사회적 자본

올해(2023년)도 어김없이 세계 각지에서 기후 재난과 그로 인한 막대한 피해가 보고되고 있다. 이탈리아, 스페인, 그리스를 비롯한 남유럽 일대와 미국 남부 도시들은 기상관측 사상 최고 기온을 돌파해 50도에 가까운 폭염이 20일 가까이 계속됐다. 폭염을 대수롭지 않게 생각할 수도 있지만 폭염은 매년 수십만 명 이상의 생명을 앗아가고 대형 산불을 야기하며 생태계를 교란하는 치명적 자연재해 중 하나다. 이로 인한 경제 손실도 천문학적이다. 올해는 해수면 온도 역시 최고 기록을 돌파해 플로리다 해안 수온이 38도 가까이 치솟았다. 수온이 상승하면 엘니뇨 현상으로 인한 폭우와 기상 이변이 심화하고 해양생물자원이 고갈된다. 유엔교육과학문화기구는 2100년까지 세계 해양 생물의 절반 이상이 멸종할 것으로 예상한다. 인류가 지구 시스템에 결정적 변화를 불러온 지질시대, 인류세는 대멸종을 목전에 두고 있다.

기후위기가 어제오늘의 일은 아니지만 재난이 일상에서 현실화하고 환경에 대한 시민의식이 성숙하면서 친환경의 정의와 기후 행동의 양태 역시 변하고 있다. '지속 가능한 개발'이라는 구제도에서 친환경은 탄소배출 저감과 생물자원 보호 등에 한정된 논의였다. 하지만 오늘날 친환경은 합리와 이성에 기반한 근대적 삶의 방식에 의문을 제기하고 대안적 삶을 통해 인류 공동체를 회복하려는 전환 운동이 되어가고 있다. 신기술과 시장경제에 의존한 기후 대응이 한계를 드러내며 시민들이 연대하지 않고서는 이 문제를 풀 수 없다는 공감대가 형성됐기 때문이다.

연비 좋은 자동차를 사는 것은 착한 소비다. 기술 개발은 계속돼야 하고 착한 소비는 칭찬받아야 한다. 하지만 연비 좋은 자동차가 기후위기를 막아줄 수는 없다. 시장경제에서는 기술 개발로 성능이 개선되고 가격이 낮아지면 자연스럽게 소비가 늘고, 소비가 늘면 성능 개선으로 인한 탄소 저감효과가 사라져 버리기 때문이다. 연료비 부담이 적어지면 사람들은 불필요한 자동차 사용을 늘린다. 이를 '제번스의 역설'이라고 한다. 결국 우리는 소비의 총량을 줄여야 한다. 차량 부제 운행을 확대할 수도 있지만 장기적 관점에서는 자동차 없는 삶이 가능하도록 도시 구조를 바꾸고 그 과정에서 생기는 불편과 시행착오를 공공서비스, 지역민의 상호부조, 창의적 발상 등을 통해 극복하는 방법을 찾아야 한다. 공동육아, 공동교육, 돌봄공동체, 도시농업, 지역화폐, 기본소득, 최대소득, 시간은행 등 여러 가지 방법이 있을 수 있다. 이는 삶의 방식에 근본적 변화를 가져오는 전환이다.

총 3회로 기획된 '전환 시대의 도시건축' 특집을 「사람, 협업하는 사람들」로 마무리하는 것은 이러한 대안적 삶의 중심에는 언제나 협력하는 사람들이 있다는 생각 때문이다. 협력은 이윤만을 목적으로 한 계약, 거래 관계가 아니라 사회경제적 활동을 통해 세상에 긍정적 영향을 미치고자 하는 선의를 말한다. 산업화가 시대적 과제였던 근대에는 국가 엘리트의 지도에 따라 여러 경제 주체가 위계에 맞춰 일사불란하게 움직이는 것이 미덕이었다. 하지만 사람들의 필요와 요구가 다양해지고 유무형의 자원이 신경망처럼 촘촘하게 연결된 현대사회에서는 상황에 따라 유연하게 대응할 수 있는 인적관계망이 삶의 양식을 규율하는 경직된 사회 제도와 공식적 인간관계로 인한 부작용을 보완할 뿐만 아니라 사회를 보다 효율적으로 기능하게 한다. 그 과정에서 사회는 정서적 유대와 공동체감을 발달시키며 계층과 세대를 잇는 신뢰의 다리를 놓는다. 이것이 안전한 사회를 만들고 문명을 지속 가능하게 하는 방법이다.

미국의 사회학자 다니엘 벨Daniel Bell은 『자본주의의 문화적 모순The Cultural Contradictions Of Capitalism』(1976)에서 현대 자본주의의 모순은 금욕적 프로테스탄트 윤리와 무한한 욕망, 물욕物慾이 공존하면서 생긴다고 말했다. 낮에는 경제성장을 위한 자본축적에 몰두하지만 밤에는 개인적 쾌락을 탐닉하는 이중성이 현대인을 분열시키는 것이다. 그는 이러한 모순을 치유하기 위해 종교적이고 신성한 어떤 가치에 의해 사람들을 하나로 묶어주는 연대감, 즉 타자와의 관계를 회복해야 한다고 주장한다. 여기서 종교적이고 신성한 가치는 거창한 종교적 교의나 배타적 민족주의를 뜻하는 것이 아니다. 공동체가 대가 없이 주고받는 마음, 우리가 흔히 말하는 '정'에 가깝다. 자원을 교환하며 시장 가치뿐만 아니라 감정 가치를 함께 고려하는 것이다. 협력하는 사람들의 선의는 또 다른 선의를 불러오고 그렇게 선물처럼 주어진 기회와 신뢰가 순환하고 확장하며 건전한 사회적 자본을 형성할 때 사회는 진정한 의미에서 성장하고 번영한다. 거실에 놓인 하이엔드 소파를 자랑하며 계층을 구별 짓기보다 사회적 역할과 평판을 중시하고, 개인적 불만과 자의적 피해를 호소하기보다 공동체를 돌보며 자손들

도시농업 사례, 은평구 나눔텃밭, 2023

의 미래에 대해 고민하는 사람이 많아질수록 사회는 살만해진다.

　　기후위기는 단순히 인류의 생존을 위협하는 자연재해가 아니라 자본주의의 모순이 누적되어온 결과이기에 우리가 어떻게 살아왔고, 지금은 어떻게 살고 있으며, 또 앞으로는 어떻게 살아가야 하는지 성찰하게 한다. 사회의 원동력을 개인의 욕망과 이기심으로 보는 사람은 관습보다 법적 계약을 중시한다. 반면 협력, 신의, 감사 등에 기반한 사회적 자본이 사회의 본질이라고 생각하는 사람은 성문화된 계약보다 마음의 결속에 의존한다. 이러한 이성과 열정 사이의 긴장은 영원히 피할 수 없다. 다만 우리는 시대의 균형추가 어디로 기울었는지 영민하게 살피고 솔직하게 대화하며 지속 가능한 미래를 모색할 뿐이다.

시간이 더하는 가치

보존과 개발 사이에서

2023년은 역사적 가치를 인정받은 근현대건축물의 보존과 개발이 첨예하게 대립한 한 해였다. 그중 일부는 문화재 관련 전문가, 현장 활동가, 시민단체, 언론사 등의 노력 덕분에 보존이 결정되었지만 많은 이들의 관심을 모았던 청주시청사, 원주아카데미극장, 서대문충정아파트, 남산힐튼호텔, 인천노동자영단주택 등은 개발을 이유로 철거됐거나 철거가 결정됐다.

　유럽을 중심으로 한 주요 선진국들은 18세기 계몽주의 시대부터 오래된 건축문화자산을 보존해야 한다는 사회적 공감대가 형성되기 시작했고 19세기에는 '내셔널 트러스트National Trust'● 같은 시민단체가 등장해 산업화로 인해 파괴되거나 훼손되는 아름다운 자연환경과 건축물들을 적

건축 당시 청주시청사, 2023년 철거

철거 전 원주아카데미극장, 2023년 철거(위)
서울충정아파트, 철거 예정(아래)

극적으로 보존, 관리하고자 했다. 덕분에 런던, 파리, 비엔나, 베를린 등에서는 지은 지 백 년이 넘은 유수의 극장들이 여전히 시민들의 관심과 사랑 속에 운영되고 있다. 오늘날 이들은 문화자산의 범위를 폭넓게 해석해 현대건축물에도 문화재로서의 법적 지위를 부여하고, 민·관이 협력해 관련 인력을 체계적으로 양성하고 있다.

하지만 우리나라는 사유재산과 민간의 개발권 보장을 이유로 문화자산 보호에 소극적이며, 건축주가 문화재 지정 직전 재산권 행사를 위해 건물을 기습 철거하는 일도 계속 반복되고 있다. 전쟁의 폐허 속에서 어렵게 살아남은 얼마 남지 않은 역사적 건축물, 오랜 기간 시민들과 동고동락하며 경년의 흔적과 기억의 지층을 쌓아온 소중한 장소들이 사람들의 무관심 속에 방치되거나 하루아침에 허망하게 사라지고 있으니 안타까운 일이다.

- 시민들의 자발적 자산기증과 기부를 통해 보존가치가 높은 자연환경과 문화유산을 확보하여 시민 소유로 영구 보전, 관리하는 시민단체. 1895년 영국에서 시작되어 전 세계 30여 개국에 지부가 있고 우리나라는 1990년대 그린벨트 해제반대 운동을 계기로 2000년에 한국내셔널트러스트가 출범했다. 2021년 환경부로부터 1호 국민신탁단체 자격을 취득해 보전을 위한 법적 구속력을 갖게 됐다.

반복되는 비극, 야만의 진화

1938년 11월 9일, 나치 독일은 유대인의 집과 사업장, 예배당 등을 습격해 불을 지르고 파괴했다. 홀로코스트에 앞서 일어난 '크리스탈 나흐트Kristallnacht', 수정의 밤 사건이다. 민족 말살과 문화 청소를 위해 적의 상징적 건물을 파괴하는 야만 행위는 인류 역사에서 반복되어 왔다. 고대 로마는 카르타고를 공격하며 성벽과 군사시설뿐만 아니라 신전에서 민가까지 아무것도 남김없이 돌무더기로 만들고, 그 땅에서 생명이 다시는 자라지 못하도록 저주하며 소금을 뿌렸다. 신대륙을 발견한 정복자들은 아메리카 원주민의 고대도시를 파괴했고 일제강점기 우리나라 역시 이와 같은 비극을 겪었다. 현대에는 유고슬라비아 전쟁, 코소보 내전, 아프가니스탄 전쟁 등에서 역사적 건축물과 문화 유적의 파괴가 자행됐다.

이러한 야만 행위가 반복되는 이유는 건축물이 어떤 집단의 정체성, 현전을 상징하며 정통성과 정당성을 부여한다는 믿음 때문이다. 9.11 테러 당시 알카에다가 뉴욕 세계무역센터 빌딩을 표적으로 한 것은 단순히 고층빌딩을 무너트리기 위해서가 아니었다. 작은 비행기가 자본주의를 상징하는 거대한 빌딩을 일격에 붕괴시키는 충격적 장면은 견고하게만 보였던 자본주의와 서구 문명의 종말을 예고하는 듯했다. 이때 세계무역센터 빌딩은 서구가 숭배하는 세계화와 자본의 토템처럼 보였다.

건물은 오랜 세월 한 장소를 차지하고 지속하는 영속성으로 인해 도시민의 정체성과 집단기억을 형성한다. 건축가 알도 로시•는 『도시의 건축L'architettura della città』(1966)에서 오랜 기간 반복되어온 도시적 형성물과 유형의 가치를, 노르베르그 슐츠는 하이데거의 실존적 사고를 계승한 장소성 이론에서 인간과 상호 관계하는 장소의 의미를 탐구했다. 이러한 건축적 전통을 비합리적 사변으로 평가절하하거나 배타적 민족주의 또는 봉건적 구체제와 동일시해 비판적으로 바라보는 시각이 있지만, 앞서 살펴본 대로 건축물이 가진 어떤 힘, 인간 사회에 미치는 강력한 문화적 영향력은 무시할 수 없다.

현대사회에서는 오랜 기간 한 장소와 집단에 귀속되는 정주보다 정처 없이 유랑하는 유목민의 생활 방식과 즉흥

• Aldo Rossi, 1931~97. 이탈리아의 건축가 겸 디자이너, 교육자. 1970년대 이후 포스트모더니즘과 도시 이론에 지대한 영향을 미쳤다. 근대 기능주의 도시계획에 맞서 도시에서 오랜 세월에 걸쳐 반복해 나타나는 패턴과 유형, 도시민의 집단기억, 역사적 맥락과 도시의 기념비적 요소를 강조했다. 그의 저서 『도시의 건축』은 20세기 최고의 건축 도서 중 하나다. 스위스 취리히연방공과대학에서 학생들을 가르쳤고 1990년 프리츠커상을 수상했다.

적 감각이 지배적이다. 과거와 달리 건물도 쉽게 지어지고 쉽게 부서진다. 자본 순환이 가속할수록 건물의 쓸모도 빠르게 변하기 때문이다. 인간의 모든 행위를 상품 또는 서비스의 공급으로 환원하고 개인의 자율적 선택, 즉 소비만이 인간에게 유익하다고 보는 자유주의•적 입장에서 오래된 건물의 보존은 수익을 창출할 수 있는 소비와 연계될 때만 의미를 갖는다. 노후 건물을 빈티지 스타일로 리노베이션해 영업하는 핫플레이스들이 대표적 경우다. 여기서는 의미 있는 수준의 수요, 선택이 없으면 보존도 없다. 이들에게 사회는 분열된 개인들의 집합이며 전통은 선험적으로 주어지거나 계승된 것이 아니라 선택된 과거라는 측면에서 무에서 유를 창조하는 것이다.

반면 건축물의 문화적 가치를 중시하는 보존주의자들은 시민들의 주체성과 도덕성, 민주적 공동체를 돌보기 위한 고전적 미덕, 모든 계층에 권장되는 인간적 품격과 공공

• 자유주의는 좌우진영 모두 사용하는 용어라 혼동하기 쉬운 개념이다. 일반적으로 작은 정부와 자유시장경제를 옹호하는 좁은 의미의 자유주의는 리버테리언(Libertarian), 진정한 자유는 정부의 적극적 개입으로 사회적 약자의 권리가 보장될 때 실현된다는 넓은 의미의 자유주의는 리버럴(Liberal)로 부른다. 리버테리언도 좌파, 우파, 아나코 리버테리언 등으로 구분되지만 여기서는 경제적 자유와 개인의 선택을 가장 중시하는 우파 리버테리언의 의미로 사용했다.

선이 시장경제의 자율성보다 사회에 유익하다고 본다. 공동체를 결속하고 연대하게 하는 사회문화적, 종교적, 민족적 전통의 가치를 중시한다는 점에서 이들은 이상적 공동체주의나 고전적 공화주의의 수호자라고 할 수 있다. 역사를 연속시키는 문화자산의 보존은 이들에게 세대를 아우르는 응집을 위한 관계적 서사를 제공한다. 공동체가 공유하는 기억과 경험은 사회적 유대를 강화하는 방향으로 작용할 때만 의미가 있다.

보존과 개발을 둘러싼 갈등 이면에는 어떤 삶이 바람직한 삶인지 미처 합의되지 못한 우리 사회의 민낯이 있다. 전쟁 상황에서 벌어지던 반달리즘, 야만적 파괴 행위는 국가, 시장, 시민사회로 다원화된 현대사회에서 직간접적 정치 행위로 순화되어 제도화되고 있다. 타협할 수 없는 교리에 헌신하는 누군가에게는 문화자산의 훼손이 전쟁 상황과 다를 바 없는 야만이겠지만 엄밀한 의미에서 이것은 공론장에서 합법적으로 벌어지는 헤게모니 다툼이다.

다만 문제는 우리 사회에서 공론장이 제 기능을 하지 못하고 섬세한 정치보다 파괴적 힘의 논리가 우선하는 상황이 계속되고 있다는 것이다. 정권이 교체될 때마다 손바닥 뒤집듯 바뀌는 도시 환경 정책, 관변 단체를 동원해 최소한의 절차적 정당성만 갖춘 채 밀실에서 독단적으로 결정되는 후진적 행정, 공익에 반하더라도 불가침의 성역으로 보호되는 사유 재산과 사생활 등은 국가주도성장의 잔해이자 계몽으로 위장된 폭력, 왜곡된 의사소통 구조의 결과물이다.

공론장이 성숙하기 위해서는 문화적 소양을 갖춘 주체적 시민들이 정당이나 시민단체 같은 제도권 정치 외에도 좀 더 다양한 형태의 다원적 정치 참여를 모색해야 하지만, 전 세계적으로 퍼진 반反정치 성향과 희석된 공동체 의식, 비정상적으로 거대해진 엔터 산업 등은 시민들의 관심을 다른 곳으로 돌리고 있다.

이것이냐 저것이냐

지금까지 경제 논리에 의해 많은 문화자산이 방치되고 철거됐지만, 소수의 독지가 혹은 시민단체의 헌신적 노력 덕분에 살아남은 사례들도 다수 있다. 이들 중에는 단순히 문화자산의 보존을 넘어 생활밀착형 사업으로 새로운 수익을 창출하거나 체험형 문화사업, 시민교육 등을 통해 많은 사람의 관심과 사랑을 받은 경우도 있다. 폐정수장을 생태공원으로 재단장한 선유도공원, 폐산업시설을 문화공원으로 재단장한 마포문화비축기지, 구)공간사옥을 매입해 미술관과 문화공간으로 사용하고 있는 아라리오뮤지엄, 재)아름지기의 다양한 문화유산 환경개선사업 등이 그렇다.

보존과 개발을 이것이냐 저것이냐의 문제로 양분하는 건 비극일 뿐만 아니라 실제로 가능하지 않다. 우리 사회는 자유주의와 공동체주의가 상호 견제하고 협력하며 접점을 찾아가고 있으며 어느 한쪽도 완전한 승리를 주장할 수 없는 부분적 성취에 만족해야 하는 영웅주의 이후의 시대를 살아가고 있기 때문이다. 전체주의적 국가지도 아래 일사불란하게 움직였던 개발시대 한강의 기적을 답습하려는 반동과 지하철을 점거해 교통을 마비시키는 과격한 인권 운동이 공존하는 현실에서, 문화자산의 보존과 개발 역시 논쟁과 혼란을 피할 수는 없다. 다만 우리에게 필요한 것은 사회 갈등과 분열을 시의적절하게 관리할 수 있는 성숙한 공론장에 더 많은 시민들을 참여시키고, 이들로 하여금 올바른 판단을 내릴 수 있도록 시민교육을 발전시켜 나가는 것이다.

정책 결정을 돕기 위해서는 문화자산의 평가 기준, 공적 자금 투입의 원칙, 활용 계획의 타당성 평가 등 관련 전문가들이 참여해 정립한 객관적 이론과 일반론도 필요하다. 하지만 '악마는 디테일에 있다'라는 속담처럼 무엇보다 공론장을 키우기 위해서는 세부 사안과 구체적 상황에 대해 더 많은 토론과 숙고의 시간이 필요하다. 이는 당연히 인내심을 요하는 지난하고 소란스러운 과정이지만, 우리가 민주적 시민사회를 지향한다면 피할 수 없는 과제이기도 하다.

우리는 언제나 과거나 미래가 아닌 현재에만 살 수 있다. 과거와 미래는 실제로 존재하지 않는다. 과거는 '기억'의 다른 이름, 미래는 '기대'의 다른 이름일 뿐이다. 과거와 미래는 현재를 살아가는 우리의 의식 속에 서로 다른 형태로 공존한다. 기억과 기대가 서로를 부정하지 않고 존중하며 각자의 역할을 할 때, 현재는 풍요로워진다.

본 기획은 문화자산의 보존과 개발을 둘러싼 첨예한 대립의 현장을 기록하고 성숙한 토론의 장을 마련하기 위해 3회에 걸쳐 연재될 예정이다.● 각호는 순서대로 '보존과 개발의 실사례', '전문가와 현장 활동가들의 이야기', '담론 형성을 위한 이론적 고찰'로 구성했다. 한정된 지면이지만 다양한 의견과 통찰이 교류하며 문화자산에 대한 소중한 성찰의 기회가 되길 기대한다.

● 3장 4~6꼭지는 《건축과 사회》 기획 특집 '보존과 개발 사이에서'를 위한 발제문이다. 특집호에서는 지속성과 공공성을 주제로 다양한 필자들의 기고문을 실었다.

철거에 반대합니다!

개인의, 민족의, 문화의 건전성을 위해
역사적이지 않은 것과 역사적인 것을
똑같은 잣대로 바라볼 필요가 있다.

— 프리드리히 니체, 「비시대적 고찰」, 1874

장소의 의미—돌봄과 마음

지브리 스튜디오의 애니메이션 〈고쿠리코 언덕에서〉의 배경은 1963년 대표적인 항구도시 요코하마다. 주인공 열일곱 슌과 열여섯 우미가 다니는 고등학교에는 동아리방으로 사용하는 허름한 목조 건물이 하나 있다. 학교 이사회는 이 건물을 철거하고 신축하려 하지만 학생들은 역사와 추억이 담긴 건물을 보존하기 위해 대자보를 붙이고 교실을 점거하며 투쟁에 나선다. 지금 시점에서 보면 어린 학생들이 건물 하나 때문에 저렇게까지 해야 할까 싶을 정도로 학생들의 저항이 대단하다. 하지만 애니메이션의 설정을 이해하려면 1960년대 당시 일본의 상황을 잠시 돌아봐야 한다.

1950년대 중반 이미 전전戰前 시대 수준으로 경제가 회복한 일본은 1964년 도쿄 올림픽을 계기로 초고도 성장기였던 이자나기いざなぎ 경기에 돌입해 1970년까지 매해 10퍼센트 이상의 경제성장률을 기록했다. 텔레비전, 세탁기, 냉장고, 에어컨, 자동차 등 고급 내구 소비재가 빠르게 보급돼 '가전의 시대'로도 불리는 1960년대 일본은 하루가 다르게 시민들의 생활상이 변화해 속도를 가늠하기 힘든 시절이었다. 낡은 것은 쉽게 버려졌고 대도시로 몰려든 사람들은 신문물에 열광하며 기술의 진보를 찬양했다.

하지만 애니메이션에 등장하는 과격한 학생 운동처럼 당시 일본은 반미 안보 투쟁, 학원 민주화, 환경오염과 공해병 등으로 사회 갈등이 첨예했던 시기이기도 하다. 등록의 제도에 반대하던 도쿄대 의학부 학생들이 바리케이드를 치고 6개월 이상 학교를 점거하다 경찰 기동대에 의해 강제 해산된 1968년 야스다 강당 점거사건과 신좌파 단체 청년들이 노선 갈등 끝에 동료 열두 명을 살해하고 총기를 탈취해 인질극을 벌인 1972년 아사마 산장사건이 대표적이다.

경찰기동대에 포위된 야스다 강당, 1969

일본 사회에 큰 충격을 준 두 사건을 계기로 1970년대에 들어 학생 운동은 빠르게 쇠퇴했다.

애니메이션의 원작은 1980년 고단샤 출판사에서 출간된 연재만화다. 1980년은 60년대 광기 어린 좌익 운동에 대한 반성과 성찰, 미국과 어깨를 견주는 세계 2위의 경제 대국으로 성장한 경제력 등을 기반으로 냉정을 되찾은 일본 사회가 유사 이래 최고의 번영을 맞은 시기였다. 덕분에 만화 속 학생들의 건물 보존 운동은 (현실과 달리) 비참한 최후를 피해 갈 수 있었다. 이야기 속으로 다시 돌아가 보면, 과격 투쟁이 효과를 보지 못하고 학생들의 참여도 지지부진하던 때 운동을 주도하던 슌은 우연한 기회에 우미가 오래전 외증조할아버지와 외할아버지가 병원으로 사용하시던 고택을 정성스럽게 가꾸고 돌보며 그 안에서 오늘의 생활을 이어 나가는 모습을 본다.

우미의 삶을 통해 장소의 의미가 기능이나 효용, 추상적 관념이나 정치적 구호가 아닌 일상적 돌봄과 실천으로부터 발생한다는 깨달음을 얻은 슌은 투쟁을 멈추고 보존 운동에 참여하지 않았던 학생들에게 낡은 동아리 건물을 깨끗이 청소하고 보수 공사를 하자고 제안한다. 하나둘 모이기 시작한 학생들의 자발적 참여로 묵은 때를 벗은 건물은 어느새 새 건물로 거듭나고, 과거와 현재가 공존하는 역사적 장소에서 학생들은 보람과 함께 애정과 소속감을 키워나간다. 건물의 새 단장을 마친 학생들은 학교 이사장에게 철거 재고를 요청하고 현장을 확인한 이사장은 학생들의 노력에 감동해 개발 사업을 취소한다.

만화가 연구 논문처럼 현실을 입체적으로 분석해 문제 해결을 위한 최선의 방법을 체계적으로 제시하는 것은 아니다. 동아리 건물이 건축적으로 보존할 가치가 있는 문화유산인지 평가되지 않았고 낡은 건물이 구조적으로 안전한지, 공간 구성이 미래에도 동아리방으로 계속 기능할 수 있는지, 건물 존치가 학교 전체 마스터플랜에 부합하는지, 시설 개선과 유지관리 비용은 얼마나 소요되는지 등 실제로 건물의 보존 여부를 결정하기 위해서는 고려해야 할 사항이 너무나 많다. 학생들의 노력이 갸륵해 즉흥적으로 개발 사업을 취소하는 이사장도 현실에서는 상상하기 힘들다.

분명 만화는 상황을 지나치게 단순화해 감상적으로 보여주고 있다. 하지만 그렇기 때문에 우리는 아주 단순한 사실을 깨달을 수 있다. 도덕적 우월감이나 정의감으로 무장한 당위, 자의적으로 해석하고 구성한 신념을 맹신하는 과격한 사회 운동은 치명적 폭력성을 드러내고 시민들의 참여와 공감을 끌어내기도 어렵다는 것이다. 좌우를 막론하고 종교나 이념에 기대어 목소리를 높이는 사람들은 교조적 운동이 신세계를 열어줄 것처럼 말하지만 정작 사람들에게 중요한 건 사소하고 일상적인 행위에서 얻을 수 있는 인간적 감정, 우리가 흔히 '애정', '관심', '기억' 등으로 표현하는 것들이다. 이런 감정은 정복하고 지배하고 소비하는 것이 아니라 한 곳에 정주하며 서로를 돌보고 생활을 이어 나가는 과정에서 세밀한 상호의존적 관계망이 발전하며 자연스럽게 생겨난다. 개발과 보존이라는 양극단 사이에서 방황하는 사이 우리가 자주 망각하고 있지만, 어떤 장소의 고유한 의미는 결국 그 자리를 공유하는 사람들의 '마음'으로부터 나온다. 마음이 부재하면 신축된 하이테크 건물이나 박제된 근대건축물이나 크게 다르지 않다.

허구적 신화—개발, 성장, 새로움

〈고쿠리코 언덕에서〉에 등장하는 개발론자들은 위생, 편의, 안전 등의 이유로 전통 방식으로 지어진 낡은 목조 건물을 철거하려 하는데 이는 1960년대 초고도 성장기의 일본을 지배한 시대정신Zeitgeist이었다. 시대정신은 모든 시대에는 그 시대를 아우르는 그 시대만의 총체적 과제가 있고, 인간 해방을 위해 계속 전진하는 역사 발전 단계에서 단순히 과거를 재현하거나 연상시키는 퇴행적 표현은 윤리적으로 비난받아 마땅하다는 헤겔적 진보 사관이다. 코르뷔지에, 그로피우스, 미스, 기디온, 페브스너 등 우리가 알고 있는 모더니즘 건축의 선구자 대부분은 구체제를 거부하고 신기술로 새로운 시대를 창조하려 했던 시대정신의 수호자였다. 이들은 균질하게 배분된 위생적 공간이 삶의 질을 개선하고 계급갈등을 해소하리란 낭만적 이상을 가졌지만 동시에 지나치게 배타적이고 집산적인 탓에 개인, 취향, 전통, 관습 등을 억압하는 부작용도 있었다. 시대정신의 전체주의적 성격은 이미 오래전부터 많은 이론가에게 비난받아 왔기 때문에 새삼스레 이를 다시 언급할 필요는 없다. 현대사회에서 시대정신은 구시대의 유물로 완전히 잊혔다.

하지만 지금도 주변에서 쉽게 볼 수 있는 재건축, 재개발 아파트 분양 홍보물이나 부동산, 금융 재테크 관련 서적, 오세훈 서울 시장의 주도 아래 시행되고 있는 각종 도시정비사업 등을 보면 개발과 성장, 새로움이라는 근대적 사고방식이 과거와는 다른 모습이지만 우리 사회에서 여전히 강력한 존재감을 과시하고 있다는 인상을 지울 수 없다. 물론 개발 자체가 나쁜 건 아니다. 개발론자라고 해서 모두가 약탈적 성향의 단기 투기자본가가 아니다. 인간 해방이라는 대의를 위해 개발을 주장했던 모더니즘의 선구자들처럼 이들 중에도 선량한 디벨로퍼가 있다. 하지만 우리가 경험적으로 알고 있듯이, 신자유주의 시대를 거치며 시행된 대부분의 무분별한 개발은 승자독식과 양극화를 심화시키고 지역사회를 분열시켰다. 그뿐만 아니라 과거보다 복잡하고 교묘해진, 그래서 피아식별이 어려워진 모호한 자본시장의 논리는 우리 삶을 사나운 불확실성의 세계로 몰아넣었다.―이해할 수 없는 전문용어로 가득한 금융 계약서를 보면 이 상품이 어떤 상황에서 누구에게 유리한지 도무지 알 수 없다. 전통적인 노사갈등은 정규직과 비정규직이라는 노노갈등으로 확대됐고 관광도시에서 에어비앤비는 오버 투어리즘과 맞물려 임대료 상승을 야기해 저소득층의 주거권을 위협하고 있다.―실수를 반복하지 않으려면 우리는 경험으로부터 배워야 하고 그 지혜를 최대한 많은 사람과 나눠야 한다.

크리에 형제[•]나 카밀로 지테^{••} 같은 건축가들은 직선으로 곧게 뻗은 넓은 차로와 열린 공간을 지향한 근대 도시계획에 맞서 고대와 중세의 에워싸인 전통적 도시 구조를 옹호했지만, 구불구불한 골목길과 거리를 가득 채운 노포, 마을 어귀를 지키고 있는 커다란 느티나무가 21세기를 살아가는 우리 도시를 위한 해법일 수는 없다. 다만 우리가 도시를 만들어 가면서 니체의 말대로 역사적인 것과 역사적이지 않은 것을 똑같은 잣대로 바라보고 있는지, 미래 세대

전통 도시(좌)와 근대 도시(우)의 대조적 구조,
『콜라주 시티』, 비스바덴, 1979

를 위해 남겨둬야 할 문화자산과 자연환경을 생활의 편의와 실리를 위해 너무 쉽게 파괴하고 불가역적으로 소비하고 있는 것은 아닌지 다시 생각해볼 일이다. 필요에 따라 매번 지우고 새로 다시 쓰는 맥락 없는 도시는 시간과 경험, 기억이 축적되지 않고 계속 개편된다. 그곳은 영원히 빠져나올 수 없는 극화된 허구의 신세계다.

삶의 연속성—기억과 상상력의 콜라주

콜린 로우●●●와 프레드 코에터●●●●는 1978년에 쓴 『콜라주 시티Collage City』에서 전통 도시와 근대 도시를 각각 기억의 도시, 예언의 도시로 구분했다. 기억의 도시가 관습적으

- Rob & Léon Krier, 롭 크리에(1938~2023)와 레온 크리에(1946~2025) 형제, 룩셈부르크 태생의 건축가 겸 건축이론가. 모더니즘 건축이 도시의 역사성과 인간성을 파괴했다고 비판했다. 특히 도시를 주거, 노동, 여가 등의 단일용도지역으로 구분하고 교외에 신도시를 만들어 통근하는 도시계획에 반대했다. 유럽의 전통적 도시 구조와 고전적 건축 형태를 복원하고 인간적 스케일의 도시공간을 계획했다. 1980년대 뉴어바니즘 운동을 이끌었다.

- Camillo Sitte, 1843~1903. 오스트리아의 건축가 겸 도시이론가. 1889년 저서 『예술적 원칙에 따른 도시설계』에서 전통 도시의 불규칙성과 에워싸인 형태를 옹호하고 기능적인 근대 도시계획을 비판했다. 코르뷔지에가 그의 도시 이론을 비난한 것으로 유명하다.

로 반복되어온 유형과 유기적 조직망으로 이뤄진 고고학적 유산이라면 예언의 도시는 근대의 유토피아적 이상에 따라 계획된 아직 완전히 실현되지 않은 상상의 산물이다. 책 제목에서도 알 수 있듯이 두 사람은 전통 도시와 근대 도시 어느 한쪽을 일방적으로 옹호하지 않고, 전통과 유토피아의 단편들이 콜라주처럼 상호 관계하며 공존할 수 있는 다양성과 포용성을 배양하는 것이 현대 도시를 위한 유일한 해법이라고 말했다. 새것들 사이에 남아 있는 옛것이 기억을 불러일으키고, 옛것들 사이에 더해진 새것이 상상력을 자극할 때 우리는 눈앞에 펼쳐진 시각적 차이를 넘어 시간을 관통해 연결된 도시의 혼성적 이미지를 마음에 품게 된다. 로마는 이천 년 넘는 세월 동안 여러 번의 흥망성쇠를 거치면서 폐허로 변해버린 옛 건물에서 나온 돌을 재사용해 도

●●● Colin Rowe, 1920~99. 영국 태생의 미국 건축이론가, 교육자. 르네상스 건축의 수학적 질서를 연구한 루돌프 비트코워의 제자로, 논문 「이상적 빌라의 수학」에서 코르뷔지에와 팔라디오의 주택 형식 분석을 통해 모더니즘이 과거와의 완전한 단절이 아니라 전통 건축과의 관계 속에서 연속적으로 발전했다는 관점을 제시했다. 그가 교수로 재직한 코넬대학교에서 그를 중심으로 코넬 학파가 형성되어 현대건축에 큰 영향을 미쳤다. 건축가 피터 아이젠만이 그의 제자다.

●●●● Fred Koetter, 1938~2017. 미국의 건축가 겸 도시계획가, 교육자. 코넬대학교 시절 인연으로 콜린 로우와 『콜라주 시티』를 공동집필했고 도시의 역사적 맥락을 강조했다. 아내 김수지와 코에터, 김 앤 어소시에이츠를 공동운영하며 세계 여러 나라에서 도시재생 및 도시설계 프로젝트를 진행했다.

시를 재건했고, 파리는 오스만 계획 같은 광범위한 도시개조사업에도 불구하고 루브르에서 라 데팡스까지 이어지는 '역사의 축'을 보존했다. 이 같은 사례들은 옛것과 새것이 서로 대화하며 도시의 정체성을 풍요롭게 만들 수 있는 가능성을 보여준다.

두 사람은 책에서 "역사 인식은 인간과 동물을 구분하는 인간만의 고유한 능력"이라는 호세 오르테가 이 가세트●의 말과 "우리는 선조들의 어깨 위에 올라타 전통을 계승해야만 한다"는 칼 포퍼●●의 언명을 인용하고 있다. 여기서 포퍼는 거인(선대 사상가들)의 어깨 위에 올라타 더 멀리까지 볼 수 있었다는 뉴턴의 명언을 반복한 것이다. 이는 계몽주의적 입장에서 지식과 삶의 연속성을 강조하고 유토피아의 결정론적 세계관을 거부한 그의 사상을 압축해 보여준다. 미래는 결정되어 있지 않고, 따라서 삶은 섣불리 예측할 수 있는 것이 아니라 '문제 해결의 연속'일 뿐이라는 사실, 어떤 원칙에 따라 미래를 예측할 수 있다는 사람은 사이비 교조

● José Ortega y Gasset, 1883~1955. 스페인의 철학자. 대중사회론과 실존적 '생의 철학'으로 유명하다.

●● Karl Raimund Popper, 1902~94. 20세기 과학철학과 민주주의 이론에 큰 영향을 미쳤다.

주의자에 불과하다는 믿음은 그가 평생에 걸쳐 증명하고자 했던 진리였다. 시행착오와 경험으로부터 배우고, 비판적 사고와 자유로운 토론을 보장하는 열린사회가 그가 꿈꾸는 이상적 사회였다.

　우리나라는 전후 한강의 기적이라는 눈부신 경제 성장을 이뤘지만, 그 이면에는 국가가 모든 걸 결정하고 지도한다는 전체주의적 사고, 눈앞의 이익과 단기성과가 기타 모든 피해를 보상한다는 시장 만능주 행태가 자리 잡았다. 그 과정에서 수많은 문화유산이 파괴되고 집단기억이 고갈됐지만, 삶의 연속성과 공동성을 회복하려는 노력보다 개인의 욕망을 채우려는 사적 투쟁이 우선시되어왔다. 지금 우리가 살고 있는 도시가 충분히 매력적이지 않다면, 지속 가능하다고 생각되지 않는다면, 우리 삶에 중요한 뭔가가 부재하고 있다는 느낌이 든다면 그 이유에 대해 진지하게 고민하고 토론해봐야 한다.

여기 못을 박아도 되나요?

건축자산의 존재 가치

2024년 12월, KBS 드라마 제작팀이 촬영을 위해 세계문화유산으로 지정된 안동 병산서원 건물 기둥에 쇠못 일곱 개를 박아 문화재를 훼손한 사건이 있었다. 시민 제보를 받은 안동시가 처벌 의사를 밝히고 KBS가 사과와 사고 재발방지를 약속하면서 일단락됐지만 잊을만하면 반복되는 방송가의 문화재 훼손 소식은 많은 이들을 공분케 했다. 서면으로 촬영 허가만 내주고 현장 관리감독은 전혀 하지 않은 관청도 문제지만, 문화재 훼손을 제지하는 시민에게 "시청 허가를 받았으니 내 일을 방해하지 말라"고 당당하게 큰소리친 작업자의 태도는 우리 사회가 공유하고 있는 상식과 규범이 송두리째 부정당하는 문화 충격이었다. 우리나라에 문화재보호법이 제정된 지 60년이 넘었고 숭례문 방화처

병산서원 만대루

럼 중대한 문화재 훼손 사건도 있었지만, 정부의 문화재 관리는 여전히 허술하고 시민의식은 제자리걸음이다. 문화재 훼손을 일부 개인의 일탈로 볼 수도 있지만, 이번 사건처럼 개인이 아닌 공영 방송에서 촬영을 핑계로 문화재 훼손을 반복하는 건 우리 사회가 의식적으로, 제도적으로 아직 성숙하지 못했다는 방증이다.

하지만 일방적 비난과 처벌에 앞서, 드라마 제작팀 관계자들은 이 건물이 문화재라는 걸 알고 있었음에도 불구하고 왜 건물에 못을 박는 행위가 문제라고 인식하지 못했는지 되짚어볼 필요가 있다. 사실 건축인들도 문화재 관련 전문가가 아니면 지정문화재와 등록문화재의 차이를 정확히 모르고, 문화재마다 형상과 구조 변경이 어디까지 가능한지, 그에 따른 행정절차와 시공법은 어떻게 되는지 모르는 경우가 대부분이다. 도시 전체가 역사 유적으로 가득한 유럽에서는 건축가가 문화재 관련 지식을 습득하고 실무 경험을 쌓을 기회가 많지만, 전통 건축과 근현대 건축자산이 대부분 소실된 우리나라에서는 건축가들이 건축자산을 대상으로 작업할 기회가 거의 없었기 때문이다. 일반적으로 지정문화재는 건물 내외부 모두 현상 변경이 금지되는 반면, 등록문화재는 건물의 외형만 유지하고 내부는 생활의 편의와 기능에 따라 자유롭게 변경할 수 있다. 병산서원은 세계문화유산으로 지정되기 전부터 국가지정문화재(사적)였고 특히 병산을 마주 보고 있는 만대루는 국가 보물로 보호되고 있다. 따라서 현상 변경이 엄격히 금지되어 있다. 하지만 안타깝게도 만대루에 못을 박은 드라마 제작팀은 이런 기준에 대해 안내받거나 교육받지 못했고, 관리감독 책임이 있는 방송국은 현장에서 지켜야 할 가이드라인조차 갖추고 있지 않았다.

프랑스의 베르사유 궁전과 노트르담 대성당, 베네치아의 두칼레 궁전과 산마르코 대성당 등은 현재 세계문화유산으로 지정되어 엄격히 보호받고 있다. 하지만 이 건물들도 모두 수 세기에 걸쳐 계속 증개축되어 왔고 일부는 기록이 충분치 않아 건물의 원형과 공사 이력을 알 수 없는 경우도 많다. 그래서 서구에서도 19세기 말까지 기념물의 가치와 의미, 불완전한 수복에 대한 논쟁이 많았다. 건물의 원형을 확실히 알 수 없는 상태에서 소실된 부분을 그대로 비워둬야 하는지, 아니면 수복 전문가의 상상과 직관을 동원해서라도 하나의 양식적 통일성을 갖춰야 하는지 등의 문제다. 당시 논쟁의 중심에는 존 러스킨과 비올레 르 뒤크• 같은 지도적 인물들이 있었지만 이를 학술적으로 발전시킨 것은 19세기 말 오스트리아 빈에서 활동한 미술사학자 알로이스 리글Alois Riegl이었다. 그는 『기념물의 현대적 숭배,

그 기원과 특질Der moderne Denkmalkultus, sein Wesen, seine Entstehung』(1903)에서 기념물이 가진 본질적 가치를 경년의 가치, 기억의 가치, 사용의 가치, 새로움의 가치, 상대적 예술의 가치 등으로 정의했다. 기념물의 존재 가치가 무엇인지, 기념물을 어떤 기준에 의해 평가해야 하는지 논리적으로 분석하고 이론화한 것이다. 이러한 노력은 시대적 상황과 요구에 따라 계속 연구, 발전되어 1964년 「베니스 헌장」, 1972년 「세계유산협약」 등을 통해 기념물의 보존 및 관리를 위한 기본 철학이 정립됐다.

사회 변화에 따라 새로운 정책이 개발되고 법제화되기 위해서는 다수가 참여하는 담론이 먼저 형성되어야 하고 관련 전문가들의 이론적 고찰 역시 뒤따라야 한다. 하지만 우리나라는 유럽에 비해 기념물 관리의 역사가 짧고 고도성장 시대를 거치며 많은 건축자산이 소실돼 문화재에 대한 일반 시민들의 이해뿐만 아니라 학술 연구와 정부 지원

- Eugène Emmanuel Viollet-le-Duc, 1814~79. 프랑스의 건축가, 복원건축가, 이론가. 중세 고딕 건축에 대한 연구를 바탕으로 건축 구조와 기능의 일치, 현대적 재료의 가능성 등을 탐구해 근대건축에 큰 영향을 미쳤다. '형태는 구조를 따른다'는 개념을 제시했다. 복원건축가로도 유명해 노트르담 대성당, 생트 샤펠, 몽생미셸 복원 사업 등을 담당했다. 실제로 존재하지 않았던 건축 요소를 임의로 추가해 예술적 완성도를 높이는 복원 방식이 논란이 됐다.

도 부족한 실정이다. 병산서원 훼손 사건을 변호할 생각은 없지만, 그간 정부와 건축계의 많은 노력에도 불구하고 기념물의 보존과 활용을 위한 시민교육, 제도개선, 연구조사 등에 미흡한 점이 많았다. 케이팝이나 영화, 방송미디어 부문 등에서는 큰 발전이 있었지만, 우리가 진정한 문화강국으로 도약하기 위해서는 아직 많은 과제가 산적해 있다.

정체불명의 케이 관광

병산서원 훼손 사건과 비슷한 시기 명동 신세계백화점 본점이 건물 전면 전체를 거대한 미디어 파사드로 뒤덮어 재단장했다. 정부가 명동, 삼성동, 광화문, 해운대 등을 뉴욕 타임스퀘어 같은 관광 명소로 조성한다며 옥외광고물 자유표시 구역으로 지정했기 때문이다. 명동은 향후 10년간 1,700억 원이 투입돼 대형 LED 전광판 열여섯 개와 미디어폴 등이 설치될 예정이다. 하지만 알다시피 신세계백화점 본점은 일제강점기 미쓰코시 백화점 경성점에서 시작된 우리나라 최초의 근대식 백화점이다. 당시 지어진 백화점이 여럿 있었지만 지금은 모두 소실되거나 재건축되어 사라졌고 신세계백화점 본점 건물이 온전히 남아 있는 유일한 건물이다. 20여 년 전 정부가 이 건물을 등록문화재로

미쓰코시 백화점 경성점

지정하려 했지만 건축주의 반대로 무산됐고 현재까지 이어져 왔다. 이 건물 바로 옆에는 1935년 준공되어 등록문화재로 지정된 구)제일은행 본점 건물이 있고 맞은편에는 1912년 준공되어 국가중요문화재로 지정된 한국은행 화폐박물관이 있어 그 일대가 모두 국가유산으로 에워싸여 있다. 유럽의 역사 도시에는 지금도 유구한 건축자산이 많이 남아 있지만 우리나라는 전후 복구와 개발 과정에서 건축자산이 대부분 사라져 이러한 역사적 장소를 보존해야 할 필요성이 크다.

하지만 정부는 도시적 맥락과 장소의 고유한 성격을 충분히 고려하지 않고 우리 도시 구조와 여건에 맞지 않는 해외 사례를 단순 모방해 정체불명의 케이관광을 홍보하고 있다. 타임스퀘어가 세계인의 사랑을 받는 이유는 단순히 대형 전광판들이 볼거리를 제공하기 때문이 아니다. 뉴욕시는 2007년부터 보행광장 조성 프로그램과 가로 활성화 정책을 추진해 도시를 차량 중심에서 보행자 중심으로, 닫힌 사유 공간에서 열린 공유 공간으로, 유동하는 통행 공간에서 머무는 활동 공간으로 전환하기 시작했다. 공공 공간이 부족한 지역에서 지역주민협의체가 보행광장 조성 등의 공공사업을 신청하면 뉴욕시 교통국이 심사를 통해 사업 대상지를 선정하고 지역주민협의체와 공사 및 유지관리, 운영에 대한 계약을 체결한다. 양자가 업무를 분담하고 의무와 책임을 문서로 규정하는 것이다. 예를 들어 교통국은 환경영향평가, 설계 및 시공, 재정 등을 책임지고 지역주민협의체는 청소와 쓰레기 처리, 광장 프로그램 기획·운영, 장기수선비용 충당 등을 담당한다. 관이 초기에 막대한 재정을 투입해 일시에 건설하는 것이 아니라 주민 의견을 청취해 가며 적은 예산으로 단계별 개발하는 방식이다. 이렇게 지역 주민들이 일정 수준의 자율성을 확보하고, 다양한 방식으로 사용자 참여를 보장하며, 의사결정 과정을 직접적으로 바꾸면 앙리 르페브르*가 말한 대로 정부와 기업, 엘리트와 기득권이 독점해온 도시에 대한 권리를 시민들에게 되돌려줄 수 있다.

민관협력의 도시재생사업을 통해 현재 타임스퀘어 일대는 2000년대 중반과 전혀 다른 모습으로 변모했다. 브로드웨이 티켓 부스 주변은 자동차 없는 영구보행광장으로 조성됐고 이동식 가구, 경계석, 화분, 바닥 포장 등의 가로시설은 보행자 친화적으로 바뀌었다. 무질서하게 공간을

● Henri Lefebvre, 1901~91. 프랑스의 마르크스주의 철학자, 사회학자, 도시이론가. 공간, 권력, 자본, 문화의 관계를 연구해 현대 도시와 비판적 지리학 연구에 큰 영향을 미쳤다. 68학생 운동과 반전 운동에 적극 가담한 실천적 지식인이기도 하다. 대표작으로 『공간의 생산』, 『도시혁명』, 『도시에 대한 권리』 등이 있다.

점유해 안전을 위협하던 푸드 트럭 등이 정리되면서 광장은 만남과 놀이, 휴식의 장소가 됐다. 결과적으로 보행자 안전성, 편의성, 쾌적성이 개선됐고 지역 주민과 관광객이 함께 즐길 수 있는 활기 넘치고 매력적인 공공 공간이 만들어졌다. 추상적인 근대 도시계획의 산물이었던 교차로가 도시 생활에서 시민들이 진정 기대하는 사회적 실천의 장소가 된 것이다. 약 20년에 걸친 느린 걸음이었다. 이를 비효율적인 사업 방식이라고 생각할 수도 있지만, 비용과 효용만을 강조하고 삶의 다양한 목적과 의미를 '이윤'으로 환원시킨 근대의 공리주의적 개발 논리가 차별과 배제의 도시를 만들어 왔음을 잊어선 안 된다.

서울시도 2016년 전임 고故 박원순 시장 시절 미국, 영국, 일본의 지역관리시스템과 도시재생 사례를 참고해 중구 무교·다동, 명동, 서초동, 여의도동, 구로동에서 '서울형 타운매니지먼트 시범사업'을 진행했지만 아직 도입 초기 단계에 머무르고 있고, 그마저도 2021년 오세훈 시장 취임 이후에는 재개발·재건축, 대규모 랜드마크 복합상업시설 건설 등에 초점을 맞춘 '서울 대개조사업'에 밀려 사업이 표류하고 있다. 도시 경쟁력 확보와 도시 브랜드 개발이라는 미명 아래 진행되고 있는 일련의 개발 사업들은 역사와 전통, 장소성에 대해 진지하게 숙고하기보다 화제성 높은 시각 효과에 몰두하고, 지역 커뮤니티와 문화적 연속성을 보호하기보다 민자 수익사업에 집중하고 있다. 이런 관 주도의 일방적 도시계획은 단기적으로는 가시적 성과가 있겠지만 장기적으로는 도시의 회복탄력성을 손상해 변화에 적응하지 못하고 양극화만 커지는 악순환에 빠질 가능성이 크다. 시민 생활과 환경에 막대한 영향을 미치는 도시정책은 정부, 시민사회, 전문가가 주체가 되어 독립적으로 추진돼야 하고 어떤 정치인이나 기관장, 기술관료 개인의 주관과 신념이 지나치게 개입될 수 없도록 제도를 민주적으로 운용해야 한다. 우리가 보기 좋은 도시가 아니라 살고 싶은 도시를 만들고 싶다면, 살고 싶은 도시란 무엇인지 좋은 삶이란 무엇인지 끊임없이 묻고 자기성찰과 대화를 통해 스스로 답을 찾아야 한다.

상품화의 비극을 넘어

앞서 언급한 두 사건이 비난받는 이유는 상품화할 수 없고, 상품화해서도 안 되는 대상을 시장 논리에 따라 원칙 없이 재단했기 때문이다. 일반적으로 상품화를 위해서는 재화나 서비스를 판매할 수 있는 단위로 나눠 가격을 결정해야 하고, 거래를 통해 사유화가 보장되어야 하지만 기념물이나 역사적 장소의 장소성은 물리적으로 분절할 수 없고, 사회·제도적으로 사유화할 수도 없다. 이는 이들이 공기나 물처럼 공동체가 공동으로 소유, 관리하는 사회적 공유물로서 존재함을 뜻한다. 하지만 병산서원 훼손 사건은 문화재를 생산과 자본축적의 소품으로 이용하기 위해 불법으로 사유화했고, 신세계백화점 본점의 대형 전광판은 역사적 장소의 표피를 외과의사처럼 자의적으로 잘라내 판매를 위한 광고 수단으로 오용했다. 친교, 선물, 전통, 기억, 상호부조 등처럼 기존에 시장 주변에 머물렀던 비금전적 활동을 시장경제 내부로 편입해 상업화하려는 시장의 절박함은 삶의 기본적 필요를 충족시키려는 인간적 요구가 아니라, 자본을 무한히 순환하고 재생산해 경제 성장을 영속화하려는 자본주의의 기계적 본질로부터 기인한다. 자본주의는 신용으로 미래에서 빌려온 자본(대출)을 이용해 자본을 확대, 재생산하고 그 대가로 이자를 지불하므로 시간의 흐름에 따라 성장이 담보되지 않으면 존재할 수 없는 폭주 기관차와 같다. 경제 성장이 멈추면 자본주의도 멈춘다. 경제는 노동 분업, 전문화, 국제무역, 대량소비, 투자, 혁신, 지식 등의 발전으로 성장하지만, 비금전적 활동을 상품화함으로써 시장을 확장하는 방법도 있다. 이는 산업화와 서구화가 진행 중인 개발도상국에서 국내총생산이 급격히 증가하는 이유 중 하나다.

하지만 이런 시장의 확장은 한 사회가 공유하고 있는 전통적 관습과 규범을 부정하고 식민화하므로 필연적으로 저항과 갈등을 유발한다. 또한 선진국의 경제성장률이 낮은 수준에서 정체되고 기후위기, 자원고갈, 환경오염, 양극화, 젠트리피케이션, 전쟁과 폭력 등으로 성장의 한계가 가시화되고 있는 지금, 기존의 개발 방식으로 도시가 언제까지 성장을 지속할 수 있을지, 또 성장을 짜내기 위해 우리가 어떤 비용과 대가를 치러야 할지 상상하기 힘들다. 여러 연구에 따르면 일정 수준 이상에서는 경제 규모가 성장해도 삶의 질이나 만족도가 나아지지 않고, 국가는 부유해졌지만 시민들의 삶은 오히려 각박해지는 경우가 많았다. 주택난, 부동산투기, 지역 간 격차, 교통체증 등으로 몸살을 앓는 우리 도시에서 건축자산의 소실은 어쩌면 사소하고 단편적인 문제에 불과할 수 있다. 하지만 소중한 건축자산이 광고, 마케팅의 수단으로 변질하거나 시장의 개발 압력으로 하나둘씩 사라져 가는 것은 단순히 실향민의 슬픔이나 회한 같은 낭만적 문제가 아니다. 이해타산이 도시의 정체성과 자율적 문화를 잠식하고 개발과 성장이 삶의 유일한 목적이 됐을 때 우리에게 남는 것은 정신적 빈곤과 황폐한 지구뿐이다. 칸트는 "목적의 왕국에서 모든 것은 가격을 갖거나 존엄성을 가진다. 대체될 수 있는 것은 가격을 갖지만,

대체될 수 없는 것은 존엄성을 갖는다"라고 말했다. 인간은 목적 자체이므로 수단이 될 수 없고 따라서 가격을 매길 수 없다. 존엄은 가격과 함께할 수 없다. 하지만 안타깝게도 자본주의 사회에서 인간은 때때로 상품으로 도구화되고 존엄을 상실하며 자발적 노예로 전락한다.

성장은 소수에게 집중되는 자본의 축적이 아니라 다수에게 분배되는 인간의 존엄을 위해 사용될 때만 가치 있다. 우리는 인간의 존엄을 지키는 사회적 기초를 견고히 다지기 위해 성장을 재구성하고 자본주의 이후의 대안적 세계를 상상해야 한다. 그 시작은 가격을 초월해 대체될 수 없는 우리만의 고유한 가치를 찾아 최대한 보존하고 보편적 인류애를 회복해 지속 가능한 문화를 창조하는 것이다.

비푸리 도서관이 남긴 것

마음을 헤아리는 디자인

핀란드 헬싱키 도심 한편에 자리 잡은 백 년 가게 '사보이 레스토랑' 탁자에는 북유럽 호숫가의 유려한 곡선을 닮은 유리 꽃병이 하나씩 놓여 있다. '알토 꽃병'이라는 애칭으로 더 많이 알려진 사보이 꽃병이다. 사보이 레스토랑의 실내 디자인을 맡은 핀란드 근대건축가 알바 알토는 건축뿐만 아니라 가구, 조명, 소품 등 다방면에서 북유럽 고유의 자연 친화적 디자인을 완성했는데 이 꽃병 역시 그의 작품이다. 부드러운 곡선미와 실용성을 겸비해 지금도 전 세계인의 사랑을 받고 있는 가구 브랜드 아르텍Artek 역시 알토와 그의 부인 아이노•가 함께 만든 회사다.

그는 서양건축사에서 근대건축의 거장으로 손꼽히지만 당대에도 이른 나이에 국제적 명성을 쌓은 스타 건축가였다. 쏟아져 들어오는 건축 일만으로도 바쁜 나날을 보내야 했던 그가 꽃병 같은 작은 소품 디자인까지 직접 챙겼던 이유는 단순히 디자인 욕심 때문만은 아니었다. 그는 결핵 환자들의 치료와 요양을 돕기 위해 설립된 파이미오 요양원(1933)을 설계할 당시 종일 누워 생활해야 하는 환자들의 눈이 피로하지 않도록 천장 마감재를 어두운색으로 칠하고, 예민해진 환자들의 심리적 안정을 위해 시끄러운 물소리를 줄이고자 동그란 바구니 모양의 세면대를 직접 디자인했다. 결핵에 별다른 치료법이 없었던 당시에는 일광욕이 병을 치유한다고 믿었기 때문에 환자들이 편하게 앉아 일광욕할 수 있도록 파이미오 의자도 디자인했다. 이 건물에 설치된 거의 모든 가구와 소품, 실내 디자인이 알토의 작품이다.

그는 다른 모더니스트들과 마찬가지로 건물이 기능에 충실해야 한다고 생각했지만, 이때 기능은 합리적 문제

- Aino Aalto, 1894~1949. 핀란드의 건축가 겸 디자이너. 헬싱키 공과대학에서 알토와 함께 수학하고 1924년부터 그의 사무실에서 일했다. 다음 해 알토와 결혼하고 1949년 암으로 사망할 때까지 그의 중요한 건축 파트너였다. 지금도 이딸라와 아르텍에서 생산되는 제품들은 대부분 아이노의 작품이다. 그녀는 건축, 인테리어, 가구, 조명, 소품 등 다양한 분야에서 큰 업적을 이뤘지만 당시 남성 중심의 건축계에서 남편의 그늘에 가려 제대로 평가받지 못했다.

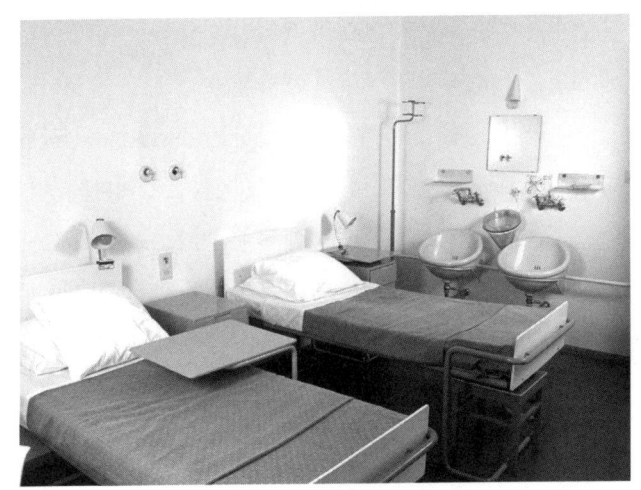

파이미오 요양원 침실과 무소음 세면대

해결이나 생활의 편의, 시설의 목적만을 뜻하는 것이 아니라 사용자의 심리적 문제까지 포함하는 더 넓은 개념이었다. 기계적 성능을 정량적으로 평가하는 것이 아니라 사람의 마음을 헤아리는 것이 건축이라고 믿었던 것이다.

그는 1940년 발표한 논문 「건축의 인간화The Humanizing of Architecture」에서 '기술적 기능주의'는 진정한 건축을 창조하지 못한다고 말했다. 이러한 인본주의적 생각과 실천이 그를 건축이라는 전문 분야에 한정하지 않고 인간이 거주하는 환경을 총체적으로 디자인하는 예술가로 만들었다. 예술과 산업을 통합하려 했던 바우하우스, 수공예의 가치를 되살리고자 했던 미술공예운동, 유럽에서 유행했던 자포니즘● 등의 영향도 있었지만 인간과 자연에 대한 존중을 건축 철학으로 삼았기에 가능했던 일이다.

핀란드 지폐에 초상이 새겨진 알토는 지금까지도 핀란드인의 존경과 사랑을 한 몸에 받는 국민 건축가다. 유럽에서 지폐에 새겨진 건축가는 여럿 있지만 그만큼 신망이 높

● Japonism, 19세기 서유럽 예술가들 사이에서 일어난 일본 미술과 디자인의 인기와 영향력을 일컫는 용어. 알토는 당시 서구에 소개된 일본 전통 주택과 정원, 다실 관련 도서를 구해 공부했고 일본인 외교관 부부와 교류하며 일본 문화를 익혔다. 그의 작품에서는 공간 구성 방식과 자연 재료의 사용법에서 일본 전통 건축과의 유사점이 다수 발견된다. 양국 문화교류를 위한 핀란드-일본 문화 소사이어티에도 참여했다.

았던 인물은 찾아보기 힘들다. 집집마다 놓여 있는 사보이 꽃병이 말해주듯 그는 핀란드의 문화적 자부심이자 인간애의 상징이다.

지역에 뿌리내린 따뜻한 모더니즘

20세기 초는 급속한 산업화와 국경을 초월한 시장 자본주의에 대응하기 위해 기능성과 경제성을 강조한 국제주의 건축 양식이 풍미하던 시절이다. 여의도, 강남, 테헤란로 등에 줄서 있는 업무용 고층빌딩이나 우리 도시를 가득 채우고 있는 판상형 아파트도 국제주의 양식의 영향이다. 알토는 코르뷔지에, 미스, 그로피우스 등과 함께 근대건축의 개척자로 언급되지만 국제주의 양식으로 대표되는 1920년대 모더니즘과는 조금 거리가 있는 독특한 인물이다.

20세기 초 유럽은 반反역사와 진보를 모토로 하는 모더니즘 운동이 한창이었다. 하지만 오랜 기간 스웨덴과 제정 러시아의 지배를 받아온 핀란드는 유럽 본토와 동떨어져 사회문화적으로 고립된 변방에 불과했고 건축 교육 역시 고대 그리스 로마 양식을 참조한 '북구 고전주의Nordic Classicism', 위계와 질서를 중시한 프랑스 보자르식 교육이 주를 이뤘다. 태어나서 핀란드를 벗어난 적이 없었던 알토 역시 건축 경력 초기에는 그가 존경했던 스웨덴 건축가 에릭 군나르 아스플룬드●를 기점으로 하는 북구 고전주의 양식을 충실히 모방했다. 하지만 그는 코르뷔지에, 그로피우스, 기디온 등이 주축이 된 근대건축국제회의에 참여하며 모더니즘 운동에 눈을 뜨게 되고 보편을 지향하는 모더니즘과 지역 고유의 특이성을 조화하는 과정에서 자기만의 독특한 건축 스타일을 만들어갔다. 핀란드의 풍토와 전통적 구축 방식을 현대적으로 해석한 그의 건축은 차갑고 기계적인 모더니즘에 온기를 불어넣으려는 후학들에게 영감을 제공했고 모더니즘과 지역성을 비판적으로 수용하려는 이러한 태도는 1980년대에 '비판적 지역주의'라는 이름을 얻었다.

알토 건축의 이정표가 된 비푸리 도서관

알토는 1960년대에 세이나요키 시립도서관, 헬싱키공대 도서관, 로바니에미 도서관 등 걸작이라 할 수 있는 공공도

● Erik Gunnar Asplund, 1885~1940. 1920년대 북구 고전주의를 대표하는 스웨덴 건축가. 1930년대 이후 모더니즘으로 이행해 전통과 현대가 조화롭게 절충된 작품을 선보였다. 대표작으로 스톡홀름 시립도서관, 스톡홀름 우드랜드 공원묘지, 예테보리 시청사 증축 등이 있다.

서관 프로젝트를 많이 남겼다. 하지만 그의 건축 이력을 거슬러 올라가 보면 1935년에 완공한 비푸리 도서관Viipuri Library을 알토 건축의 원형으로 볼 수 있다. 이 건물에는 사연이 많다. 1927년 설계 공모에서 당선할 당시에는 전형적인 북구 고전주의 양식 건물이었지만 건축위원회의 수정 의견을 수용하며 모더니즘 양식으로 변모했고, 이후 도서관 부지가 공원 중심에서 외곽으로 변경되어 건물을 전면 재설계했기 때문이다. 게다가 완공 후에는 몇 년 사용하지도 못하고 1939년 발발한 겨울전쟁으로 비푸리 지역이 소련에 할양되어 역사의 뒤편으로 사라졌다. 2010년 핀란드와 러시아 정부의 노력으로 준공 당시 원형이 복원되기까지 비푸리 도서관은 긴 세월을 기다려야만 했다.

과거 도서관은 성직자나 귀족 같은 특정 계층만 독점적으로 사용할 수 있는 시설이었다. 18세기까지도 일부 도서관들이 책을 책장에 쇠사슬로 묶어 보관했던 것을 생각하면 당시 문자를 해독하고 정보를 관리하는 일이 얼마나 엄중한 일이었는지 가늠해볼 수 있다. 19세기 들어 영국과 미국을 중심으로 공공도서관이 널리 보급됐지만 도서관의 기능은 폐가식으로 책을 열람하는 수준에 머물렀다. 우리나라도 1970년대에 처음 개가식 도서관이 도입됐는데, 폐가식에서 개가식으로의 변화는 도서관의 역할과 성격이 시대에 따라 변화해 왔음을 보여준다. 오늘날 도서관은 단순히 책을 읽고 대여하는 시설이 아니라 정보를 공유하고 다양한 분야의 사람을 만나며 지역 고유의 문화와 커뮤니티를 형성하는 평생교육기관이자 복합문화공간이다. 소비력에 따라 공간이 차별적으로 배분되는 자본주의 사회에서 계층과 무관하게 남녀노소 누구에게나 열려 있는 공공도서관은 사회적 연대의식과 공공성을 보여주는 지표이기도 하다. 하지만 알토가 비푸리 도서관을 설계한 1920년대 도서관은 그렇지 않았다. 비푸리 도서관의 초기 현상설계 당선안과 전면 재설계한 최종안을 비교해보면 도서관에 대한 그의 생각이 크게 변화했음을 알 수 있다.

자연을 닮은 유기적 도서관

동서남북 네 면이 공원에 접한 비푸리 도서관은 공원 지형의 완만한 높낮이를 이용해 어디서나 자연스럽게 도서관으로 진입이 가능하다. 1층에는 어린이도서관, 강의실, 정기간행물실 등 사용이 빈번한 공용시설이 자리 잡고 있는데, 이 공간들은 각각 공원으로 통하는 독립적인 출입구를 가진 동시에 공용 홀을 통해 실내에서 하나로 연결된다. 북구 고전주의 양식을 답습했던 초기 현상설계 당선안이 길고 장

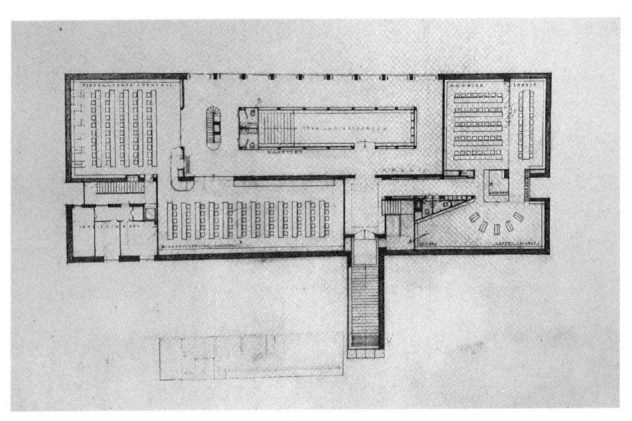

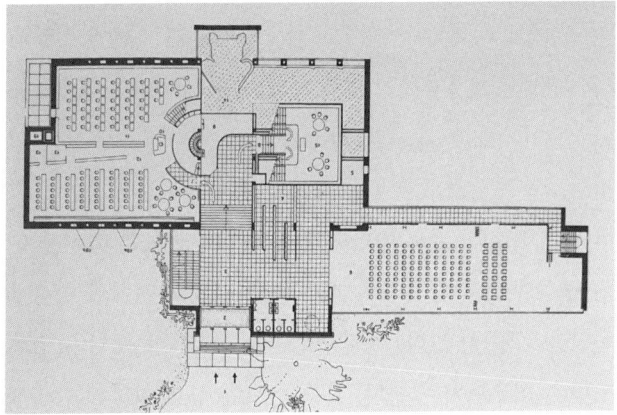

초기 계획안 (1929) 평면도(위)
최종안 평면도(아래)

대한 계단을 올라가 로비에서 각 시설로 분기되었던 것에 비하면 사용자 접근성과 편의성이 크게 개선됐다. 각 시설의 용도와 기능, 공간적 특징에 따라 다양한 크기와 형태를 가진 여러 개의 덩어리가 중첩되며 공원과 유기적인 관계를 설정하고 있기 때문이다. 하늘에서 내려다봤을 때 건물과 외부 공간은 지형에 순응해 손가락 맞물리듯 배치되어 있다. 반면 요철 없이 직사각형의 단일 육면체였던 당선안은 공원에 홀로 놓인 조각상처럼 주변 환경과 대조적인 인상을 준다.

당선안과 최종안의 중요한 차이 중 하나는, 당선안은 지하에서 지상 2층까지 층의 구분이 명확하지만, 최종안은 나지막한 언덕을 오르듯 단차를 둔 여러 개의 바닥판들이 경사로와 계단으로 자연스럽게 연결되어 층의 구분이 모호하다는 것이다. 알토의 아이디어 스케치를 보면 이러한 단면 구성이 북유럽의 숲속이나 구릉 같은 자연에서 영감을 받았음을 알 수 있다. 하지만 언덕은 문학적 은유나 자연의 모방에 머무르지 않는다. 단차를 두고 상호 교차하는 입체적 공간은 여러 방향으로 시선을 유도하며 호기심을 자극하고 우연한 만남의 기회를 제공한다. 사용자는 숲속을 거닐듯 주변을 관찰하며 천천히 건물을 산책할 수 있다. 각각의 바닥판은 용도별로 구분되어 있어 단차가 기능을 구분

1935년 준공 당시 비푸리 도서관(위)
자연스러운 진입을 유도하는 도서관 정문(아래)

단차가 있는 도서관 열람실(위)
언덕을 묘사한 알토의 개념 스케치(아래)

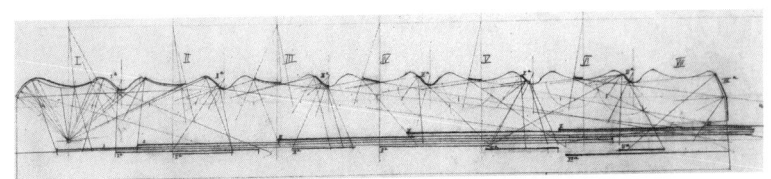

자연채광을 위한 개념 스케치(위)
물결 형상의 강의실 천장 개념 스케치(아래)

해주는 역할도 한다. 그는 사무실처럼 기능적으로 구성해야 하는 프로그램이나 계단실 같은 부대시설은 조밀하고 질서 있게 구성했지만, 열람실 같은 공용 공간은 자유로운 조형으로 공간에 고유한 성격을 부여했다. 이러한 공간 구성 방식은 계속 발전해 1960년대 설계된 도서관들은 공통적으로 펼쳐진 부채꼴 모양의 열람실과 층의 구분이 모호한 자유로운 단면 구성을 하고 있다.

알토는 모더니스트답게 사용자 편의성과 쾌적성을 위해 과학적 방법론을 동원하기도 했다. 북유럽은 태양고도가 낮고 일사량이 부족해 실내에 자연채광을 적극적으로 유입하는 것이 중요한 설계 과제다. 하지만 도서관은 책의 보존을 위해 직사광을 피해야 하고 독서 시 눈부심과 음영도 고려해야 한다. 일정 조도의 간접광이 모든 시간대에 모든 공간으로 골고루 퍼져야 하는 것이다. 그래서 그는 일사각과 천장의 깊이를 계산해 1년 내내 직사광이 실내로 유입되지 않는 천창의 형태를 고안했다.―당선안은 거대한 천창으로 빛이 지나치게 쏟아져 들어와 건축위원회에서 수정을 요구했다.―물결 형상의 1층 강의실 천장 역시 음환경을 고려해 소리가 모든 공간에 골고루 도달하도록 계획한 것이다. 알토의 건물은 기능을 적절히 해결하면서 수공예적 방식으로 높은 조형적 완성도를 성취하고 있다. 현지에서 쉽게 조달할 수 있는 자연 친화적 재료, 나무, 벽돌, 타일 등을 활용해 친밀하고 따뜻한 분위기를 연출한 것도 특징이다.

영속하는 가치, 공공성

알토가 설계한 건물들은 대부분 연식이 60년 이상 지났지만 그가 설계한 공공건축물 대부분은 지금까지 원형 그대로 사용되고 있다. 반세기 넘는 세월이 지났지만, 건물이 불편함 없이 생활에 밀착되어 있고 많은 사람의 사랑을 받고 있기 때문이다. 불멸을 꿈꾸는 기념비는 시간의 무게에 속절없이 무너지지만 사랑과 애착의 공간은 세월을 이겨내는 힘을 가지고 있다. 알토의 건물을 지속시키는 가치, 사랑과 애착의 근원은 사용자를 배려하고 돌보는 공공성이다. 배려는 사랑을 낳고 사랑은 존중으로 이어진다. 알토의 건물은 양식이나 사조를 대표하는 문화재 혹은 대중의 이목을 끄는 랜드마크가 아니라 지역민의 마음을 품은 또 하나의 집이다.

전후 1950~60년대 서유럽에서 복지국가 건설이 한창이었을 당시 알토는 사용자 친화 설계와 지역성의 복원이라는 두 가지 화두를 던지며 예배당, 주민회관, 공공청사 등 수많은 공공 프로젝트를 성공적으로 수행했다. 사용자를 배려한다는 개념이 지금은 당연해 보이지만 건축 역사에서 '사용자user'라는 용어가 처음 등장한 것은 1950년대. 거주자, 소유자, 고객 등의 단어는 건물을 점유하는 사람을 특정하지만, 사용자라는 단어에는 건물을 이용하는 불특정 다수, 즉 사회적 약자를 포함한 모든 사람을 고려한다는 의미가 담겨 있다. 누구에게나 열려 있는 공공도서관 프로젝트가 그의 건축 철학을 가장 선명하게 보여주는 이유다.

혹자는 그가 계층 간 격차와 사회 모순을 직시하지 않고 모든 사람은 평등하다는 근대의 집단적 환상만을 고취시켰다고 평가절하하기도 한다.● 실제로 서구에서 공공에 대한 수요가 위축됐던 1980~90년대에는 사용자라는 개념이 건축에서 자취를 감추기도 했다. 하지만 극단적 양극화와 공동체의 해체가 사회를 위협하는 우리 시대에 공공성은 다시 논쟁적인 주제가 됐다. 시간을 뛰어넘어 영속하는 알토의 건축은 공공성의 현대적 의미를 탐구하기 위한 새로운 출발점이 될 수 있다.

● 알토의 말년은 명성에 걸맞지 않게 초라했다. 진보 진영은 그를 세계 무대에서 활약하는 자본주의 스타 건축가로 매도했고, 아이노의 사망 이후 심해진 알콜 의존은 그를 어려움에 빠트렸다. 1970년대 작품은 두 번째 아내 엘리사가 주도적 역할을 했다. 그는 1976년 헬싱키에서 77세 나이로 별세했다.

원문 출처

1장
《바람과 물》10호 도시와 시골, 132~143쪽, 2023
《바람과 물》9호 탈성장을 향해, 20~29쪽, 2023
《바람과 물》6호 시민기후행동, 104~113쪽, 2022
《바람과 물》7호 여성, 살림, 정치, 118~127쪽, 2023
《바람과 물》8호 생태영성, 129~139쪽, 2023
《바람과 물》3호 도망치는 숲, 108~115쪽, 2021

2장
《바람과 물》1호 기후와 마음, 98~104쪽, 2021
《바람과 물》2호 무해한 버림, 120~128쪽, 2021
《바람과 물》4호 돌봄의 정의, 98~106쪽, 2022
《바람과 물》5호 흙의 생태학, 86~95쪽, 2022
《바람과 물》11호 기후정치, 130~141쪽, 2024
《바람과 물》12호 인류세 이야기, 144~155쪽, 2024

3장
《건축과 사회》36호, 10~13쪽, 2022
《건축과 사회》37호, 28~31쪽, 2022
《건축과 사회》38호, 8~10쪽, 2023
《건축과 사회》39호, 14~17쪽, 2024
《건축과 사회》40호, 38~43쪽, 2024
《건축과 사회》41호, 2025
《더 라이브러리》, 웹진, 2023

도판 출처

1장 공생의 장소 만들기

신성한 도시, 바이오필릭 시티
22쪽 브로드에이커 시티 모형을 보고 있는 프랭크 로이드 라이트와 제자들
　　ⓒ 프랭크 로이드 라이트 재단
27쪽 『건축십서』 이탈리아어 판, 1567 ⓒ digital.library.cornell.edu
31쪽 런던의 생태 네트워크 지도, GIGL제작 ⓒ www.gigl.org.uk
31쪽 야생 환경이 잘 보존된 런던 하이드 파크 ⓒ 남상문

처마 밑에 모인 사람들
40쪽 준공 당시 유니테 다비타시옹, 주변을 압도하는 거대함
　　ⓒ 르 코르뷔지에 재단
41쪽 도시 축과 무관한 유니테 다비타시옹의 배치 ⓒ Ministère de la Culture
41쪽 유니테 다비타시옹 중복도 양쪽에 배치한 복층형 주거 유닛
　　ⓒ 르 코르뷔지에 재단

가늠할 수 없는 욕망의 크기
57쪽 렘 콜하스, 뉴욕의 격자 도시 구조 위에 표류하는 환상적인 섬들, 1972
　　ⓒ Rem Koolhaas, Madelon Vriesendorp, 1972, MOMA collection
57쪽 렘 콜하스, 광교갤러리아백화점, 2020 ⓒ 남상문
62쪽 센트럴 파크를 마주하고 있는 고급아파트 스타인웨이 타워, 2022.
　　ⓒ David Sundberg/Esto, Architectural Digest

기후위기로 도전받는 투명성의 신화
68쪽 근대건축 5원칙이 적용된 빌라 사보아, 1931 ⓒ Flickr
73쪽 런던 만국박람회 수정궁, 1851 ⓒ Wikipedia
74쪽 투명한 시그램 빌딩 로비 ⓒ www.archdaily.com
79쪽 하이테크 건축을 대표하는 퐁피두 센터 ⓒ 남상문

죽을 자들이 땅 위에 존재하는 방식
85쪽 빌라 로툰다 평면 ⓒ Wikipedia
88쪽 괴테, 『원형식물』 1790 ⓒ Metamorfosis de las plantas
90쪽 고트프리트 젬퍼, 카리브해 오두막, 『건축의 네 요소』 1851
　　ⓒ 『The Four Elements of Architecture and Other Writings, Cambridge』
　　Univ Pr, 2011, p. 29
94쪽 검게 그을린 부르더 클라우스 경당 내벽과 어둑한 빛 ⓒ 박근홍

오래된 정원, 숲
100쪽 원림의 구성을 보여주는 소쇄원도, 1755 ⓒ www.kocis.go.kr
104쪽 마크 로지에, 원시적 오두막, 1755 ⓒ Wikipedia
107쪽 구로카와 기쇼, 메타볼리즘 건축의 아이콘인 나가긴 캡슐 타워, 도쿄,
　　1972 ⓒ Wikimedia Commons
110쪽 르 코르뷔지에, 브리즈 솔레이유, 방직공업자협회, 인도, 1954
　　ⓒ www.archdaily.com

2장 새로운 삶의 방식

기술인가 태도인가
118쪽 안느 라카통과 장 필리프 바살, 사회주택 리노베이션 프로젝트.
　　발코니를 수평 증축해 전용 면적을 추가 확보하고 온실 등으로 활용한 예,
　　보르도, 2017 ⓒ Lacaton & Vassal architects
125쪽 노먼 포스터, 친환경 건축 기술이 적용된 거킨 빌딩, 런던, 2004
　　ⓒ Wikipedia
126쪽 벅민스터 풀러의 다이맥션 자동차를 재설계한 노먼 포스터, 2011
　　ⓒ www.behance.net

검약의 두 가지 얼굴
134쪽 아돌프 로스, 빌라 뮐러, 장식이 배제된 순수한 덩어리, 프라하, 1928
　　ⓒ www.researchgate.net
137쪽 기능, 효율, 기술, 경제성을 강조한 1920~30년대 국제주의 양식

ⓒ www.britannica.com
138쪽 비판적 지역주의 건축가 마리오 보타의 작품, 남양성모성지 대성당,
　　경기도 화성, 2019 ⓒ 남상문
140쪽 진흙과 나무로 만들어진 라다크 전통주택
　　ⓒ travelindiadeals.wordpress.com

집과 돌봄에 대하여
145쪽 전몽각, 『윤미네 집』 포토넷, 2010 ⓒ 남상문
149쪽 탄천의 생태습지와 백로 ⓒ 남상문
153쪽 예술마을로 재탄생한 나오시마 ⓒ Sambuichi architects
153쪽 기억과 경험의 장소. 서촌 대오서점 ⓒ 남상문

말하는 건축가
162쪽 르네상스 시대에 피티 가문을 위해 건축가가 설계한 피티 궁, 피렌체
　　ⓒ Wikipedia
162쪽 19세기 부르주아의 화려한 의상 ⓒ New York Public Library
166쪽 근대건축국제회의(CIAM), 1928 ⓒ www.researchgate.net

덜 미학적인 더 윤리적인
176쪽 조류친화건축물로 선정된 오동숲속도서관 ⓒ 남상문
177쪽 조류충돌방지 스티커가 설치된 창문, 오동숲속도서관 ⓒ 남상문
183쪽 판교 타운하우스 ⓒ Riken Yamamoto architects
183쪽 강남 세곡보금자리주택 ⓒ Riken Yamamoto architects

에어컨 없는 삶
193쪽 폭포 위에 지어진 카우프만 주택 낙수장, 1939 ⓒ wikipedia
194쪽 프레리 주택 양식을 대표하는 로비 하우스, 1909 ⓒ wikipedia
199쪽 최초로 에어컨이 설치된 업무용 건물 뉴욕증권거래소, 1903
　　ⓒ 뉴욕증권거래소(NYSE)

3장 건축과 사회

전환 시대의 도시건축
214쪽 세계에서 가장 붐비는 항공노선 순위, 국제/국내선 전체, 2018년 3월
　~2019년 2월(영국 OAG 통계) ⓒ 남상문

기후 정의와 건축의 미래
222쪽 난개발되고 있는 태양광 발전, 전북 장수군, 2019 ⓒ 한국일보, 박서강

성장과 번영을 위한 사회적 자본
229쪽 도시농업 사례, 은평구 나눔텃밭, 2023 ⓒ 서울시 서울도시농업

시간이 더하는 가치
232쪽 건축 당시 청주시청사, 2023년 철거 ⓒ 청주시
233쪽 철거 전 원주아카데미극장, 2023년 철거 ⓒ 한국영상자료원
233쪽 서울충정아파트, 철거 예정 ⓒ 서울역사편찬원

철거에 반대합니다!
245쪽 경찰기동대에 포위된 야스다 강당, 1969 ⓒ 도쿄신문, 2024
251쪽 전통 도시(좌)와 근대 도시(우)의 대조적 구조, 『콜라주 시티』 비스바덴,
　1979 ⓒ 『collage city』 MIT Press, 1979

여기 못을 박아도 되나요?
258쪽 병산서원 만대루 ⓒ 남상문
263쪽 미쓰코시 백화점 경성점 ⓒ 서울역사박물관

비푸리 도서관이 남긴 것
273쪽 파이미오 요양원 침실과 무소음 세면대 ⓒ 파이미오 요양원
279쪽 초기 계획안 평면도, 1929 ⓒ 알바알토재단
279쪽 최종안 평면도 ⓒ 알바알토재단
281쪽 1935년 준공 당시 비푸리 도서관 ⓒ 비푸리도서관 복원위원회

281쪽 자연스러운 진입을 유도하는 도서관 정문 © 비푸리도서관 복원위원회
282쪽 단차가 있는 도서관 열람실 © 알바알토재단
282쪽 언덕을 묘사한 알토의 개념 스케치 © 알바알토재단
283쪽 자연채광을 위한 개념 스케치 © 알바알토재단
283쪽 물결 형상의 강의실 천장 개념 스케치 © 알바알토재단

참고 문헌

고영호, 「뉴욕시 가로활성화 정책 동향」, 건축도시공간연구소, 2017
기 드보르, 『스펙타클의 사회』, 현실문화, 1996
노르베르그 슐츠, 『장소의 혼』, 태림문화사, 1996
도넬라 H. 메도즈, 데니스 L. 메도즈, 요르겐 랜더스, 『성장의 한계』, 갈라파고스, 2021
람푸냐니, 『현대건축론』, 세진사, 2013
렘 콜하스, 『정신착란증의 뉴욕』, 태림문화사, 1999
르 코르뷔지에, 『건축을 향하여』, 동녘, 2007
르 코르뷔지에, 『오늘날의 장식예술』, 동녘, 2007
리처드 로저스, 필립 구무치안, 『도시 르네상스』, 이후, 2005
마르크 오제, 『비장소』, 아카넷, 2017
머레이 북친, 『착취 없는 세계를 위한 생태정치학』, 동녘, 2024
머레이 북친, 『휴머니즘의 옹호』, 민음사, 2002
백진, 『건축과 기후윤리』, 이유출판, 2023
벅민스터 풀러, 『우주선 지구호 사용설명서』, 열화당, 2018
비트루비우스, 『건축십서』, 기문당, 2006
사이토 고헤이, 『지속 불가능 자본주의』, 다다서재, 2021
아돌프 로스, 『장식과 범죄』, 미디어버스, 2018
아인 랜드, 『파운틴헤드』, 휴머니스트, 2011
안도 다다오, 후쿠타케 소이치로, 『예술의 섬 나오시마』, 마로니에북스, 2013
알로이스 리글, 『기념물의 현대적 숭배, 그 기원과 특질』, 기문당, 2013
앙리 르페브르, 『도시에 대한 권리』, 이숲, 2024
야마모토 리켄, 『마음을 연결하는 집』, 안그라픽스, 2014
에른스트 슈마허, 『작은 것이 아름답다』, 문예출판사, 2022
에릭 딘 윌슨, 『일인분의 안락함』, 서사원, 2023
에이드리언 포티, 『건축을 말한다』, 미메시스, 2009
요한 볼프강 폰 괴테, 『괴테의 식물변형론』, 이유출판, 2023
윤서연, 정상혁, 이슬이, 「서울형 타운매니지먼트사업 현황 진단과 개선방향」,

서울연구원, 2022
이푸 투안, 『공간과 장소』, 2020
자코모 달리사 등, 『탈성장 개념어 사전』, 그물코, 2018
전몽각, 『윤미네 집』, 포토넷, 2010
제프 구델, 『폭염 살인』, 웅진지식하우스, 2024
조효제, 『탄소 사회의 종말』, 21세기북스, 2020
존 러스킨, 『나중에 온 이 사람에게도』, 열린책들, 2009
티모시 비틀리, 『바이오 필릭시티』, 차밍시티, 2020
티에르 파코, 『지붕 우주의 문턱』, 눌와, 2014
팀 잭슨, 『성장 없는 번영』, 착한책가게, 2015
필립 셸드레이크, 『도시의 영성』, IVP, 2018
헨리 데이비드 소로, 『월든』, 은행나무, 2021
헬레나 노르베리 호지, 『오래된 미래』, 중앙북스, 2015
Colin Rowe & Fred Koetter, *COLLAGE CITY*, MIT Press, 1979
Gottfried Semper, *The Four Elements of Architecture and Other Writings*, Cambridge Univ Pr, 2011
Ralf Bock, *Adolf Loos Works and Projects*, SKIRA, 2007
Rem Koolhaas & Bruce Mau, *S, M, L, XL*, Monacelli P,r 1997
Richard Weston, *Alvar Aalto*, Phaidon, 1995

새를 초대하는 방법
기후위기 시대, 인간과 자연을 잇는 도시건축 이야기

초판 1쇄 발행 2025년 8월 10일

지은이 남상문
펴낸이 조미현

책임편집 최미혜
디자인 기경란
마케팅 이예원, 공태희
제작 이현

펴낸곳 (주)현암사
등록 1951년 12월 24일 (제 10-126호)
주소 04029 서울시 마포구 동교로12안길 35
전화 02-365-5051
팩스 02-313-2729
전자우편 editor@hyeonamsa.com
홈페이지 www.hyeonamsa.com

ISBN 978-89-323-2434-0 (03540)
책값은 뒤표지에 있습니다. 잘못된 책은 바꾸어 드립니다.